[波] 玛格丽特 · 法兰兹卡－亚伯恩斯卡 著
赵 祯 / 袁卿子 / 许湘健 / 张 蜜 / 白锌铜 / 吕淑涵 译

——自然观察探索百科系列丛书——

自然大百科

四川科学技术出版社

引言

大自然本身并没有日历，不分月份，但是我们能够通过一年中事件的规律变化，白昼及夜晚气温的变化等，观察到大自然中的事物都是在有秩序地运行着。那么就让我们顺着日历——按照月份的划分——试着追寻大自然中重大事件的足迹吧。也许这时细心的观察者会说，这么做很不严谨，因为如果四月份的气温很适合花儿的开放，那么没有一朵花会等到五月再开。这是当然！我们肯定要把在大自然中发生的一些变化和无法预测的事情考虑在内，但我希望这样的意外，并不会让我们丧失把自然现象排成时间表的兴趣，因为列时间表可是又省事又舒服的追踪方法哦。

亲爱的小读者，我建议你们准备一个笔记本，按日期写下你观察大自然的笔记，并将它与我在这本书里的介绍做一下比较。

小读者们，让我们从现在开始，小心谨慎但又仔细认真地追踪大自然的足迹，以达到最终认识了解大自然的目的。我的意思是，在这个过程中，不要惊动任何小动物，甚至一草一木，不让它们知道此时此刻自己正在被追踪、观察和记录。但愿我们这些学习的琐事，别打扰到它们的平静。

那么，就让我们开启这段旅程吧！

目录

一月

一月份天气记录

在波兰，就近百年来的气象数据记录来看，一月份最高温出现在1993年1月17日的鹿山城：零上17℃；而最低温出现在1940年1月11日的谢德尔采：零下41℃。最厚的雪层能达到70厘米，1979年1月31日在华沙这一数据得到证实，而在1987年1月7日这一数据在别尔斯科-比亚瓦被刷新到了87厘米。一月份风速达到最大的时候在2007年1月18日，分别在小波兰省和波兹南省，当时的风速达到了122千米每小时。地表温度最低的年份分别是：1829—1830年、1928—1929年、1939—1940年、1962—1963年、1965—1966年、1978—1979年、1985—1986年、1986年1987年、1995—1996年、2002—2003年、2005—2006年。地表温度最高的年份分别是：1809—1810年、1842—1843年、1909—1910年、1988—1989年、1989—1990年、2006—2007年。

新旧年的交替

过去人们都称这个月份为“木桩月”，因为在这段时间内，人们都会在农场准备种植豆子和啤酒花的木桩。人们还会把一月份的波兰语名字与新旧年的“交替”一词联系在一起。

一月的谚语

一月的白霜和雪花，
缓缓降临在谷仓的房檐上。
当一月没有寒霜时，
这一年就不会丰收。
温暖的屋子里，
空气中飘扬着一年的祝福。
祈愿达到了顶峰，
一月就这样过去了。
如果一月份的蜜蜂
从蜂箱中飞出，
那么今年的收成也将没有保障。

若是在一月，
风暴伴随着大雪，
那么夏天时将是
风暴伴随着大雨。
当一月被雨点溅湿，
那么七月就会嚎啕大哭。

山雀

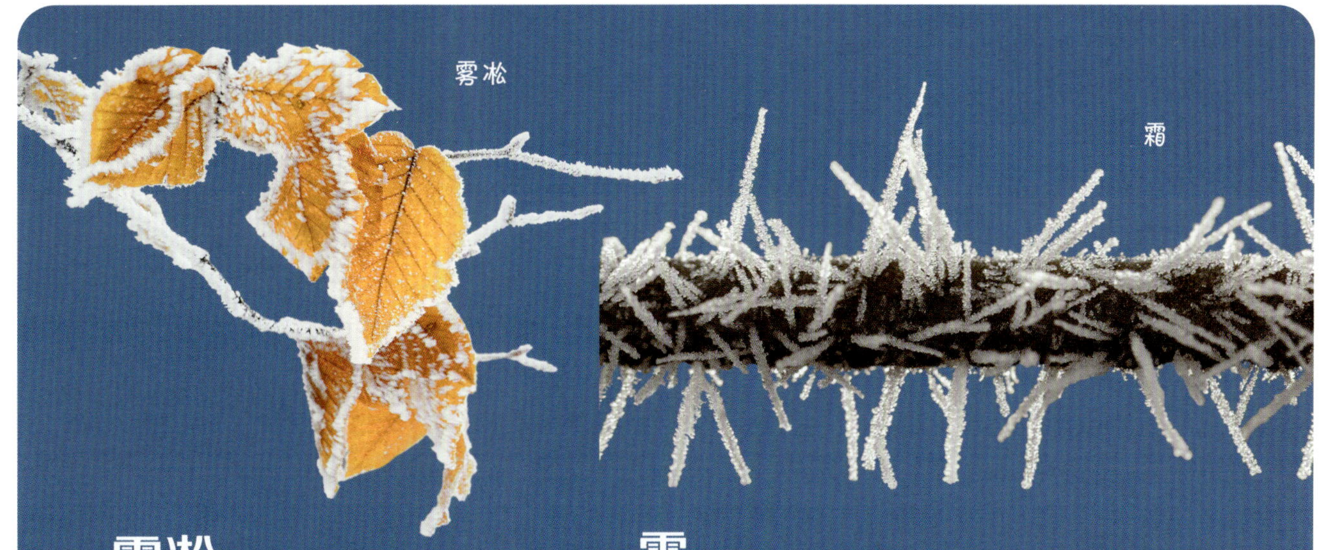

雾凇

在一月里我们经常能够看见雾凇。雾凇就是微小的水蒸气（雾）或者是云遇到冷空气结成冰，然后通过不停地堆积而形成的冰层。雾凇由堆积在一起的冰晶体构成，它可以堆得很厚。雾凇覆盖在树木的枝杈上，就像给它们穿上童话般的银色披风。但如果它们堆积得太厚，就会把枝杈压断，甚至会压断电线。雾凇经常出现在我国吉林和黑龙江等东北地区，新疆北部偶尔也会有，别的地方则较为罕见。

霜

人们经常分不清雾凇和霜。它们之间的区别就在于：霜形成于物体的水平表面上，而雾凇，则主要在物体的表面或与地面相垂直的面上形成。

知识小贴士

最大的雪花瓣于1887年1月28日在美国基奥堡被发现；它有大约38厘米宽，3厘米厚。

熬过寒冷的冬天

植物们和动物们要想熬过寒冷的冬天就得好好准备。我们都知道，在大自然中，那些最先适应环境的动植物，能比别的动植物活得更好。每个物种都有自己熬过冬天的办法：能保温的皮毛、冬眠、躲藏在雪层或者地面下，甚至飞到温暖的非洲去过冬！

马鹿在冬天的时候经常聚集在一起，形成鹿群

为什么大自然需要雪

柔软的雪棉被其实是一个隔绝层，它能够减少地表温度的变化，并且能够阻止深层土壤冰冻。当气温下降到零下30℃，一米深的雪层下，气温也就接近零度。在这样的温度下，大部分的生物都能熬过冬天了。

群体活动更加安全

对于有蹄类动物来说，聚在一起形成大型群体是很有效的过冬方法。牡鹿们聚成鹿群，同时狍子们也会聚成矮鹿群。群居可以使它们更容易找到食物，还可以在受到天敌攻击时，更有效地保护自己。

在雪层之下

有了雪层的保护，田鼠就可以安安心心地挖自己的通道了。在它的小洞穴里堆满了谷物和根茎，足够它吃一整个冬天了！对田鼠来说，雪层还有一个好处：能掩盖田鼠的气息，帮助它们躲避掠食者的追踪。野兔在冬天的时候会在雪中挖一个洞，还带有小小的通道，通道可以使野兔躲避危险。野鸡也很喜欢睡在雪地里，这样可以躲避寒冷的空气。马鹿和狍子也会在雪地里刨出一个可供休息的巢穴。

冬天时的牡鹿

冬天时比亚沃维耶扎国家公园的野牛还会被额外喂以干草

雪有时是危险的

虽然厚重的雪层保护了绝大部分动物，使它们能安全过冬，但同时它也意味着长时间的饥饿。当雪层上面还覆盖着一层冰时，对于食草动物来说，要想找到食物更是难上加难；所以它们不得不去寻找其他能果腹的东西，比如灌木丛或者树的茎皮和嫩芽。

狍子在冬天的时候会啃食灌木丛上的嫩芽，也会在雪层下找到能吃的橡树子

冬天被冻住的湖泊

野兔在雪中

过冬的田鼠们

湖泊里的冬天

对大自然来说，这是个极其艰难的季节，但在白天的时候，湖泊中的温度仍能稳定保持在4℃。多亏如此，水中的鱼儿和在湖底淤泥中保暖的青蛙，才能平安度过冬天。

土拨鼠

睡过寒冬

对于许多动物来说，冬眠是一个非常好的过冬方法。比如土拨鼠就会提前在皮毛下储存很多的脂肪，然后一家子待在用干草辛苦铺出来的洞里。这些动物的体温在冬天会下降至8℃，身体的各项机能都会大幅度地降低，这样就能减少使用体内的脂肪。

冬眠

冬眠是熊和獾的一种绝活，这样做可以有效地降低它们的体温。在这段难熬的日子里，母熊还会在自己冬眠的巢穴里生下小熊呢。

蝙蝠交叉放置的翅膀能够充当保护屏，有效防止体温流失

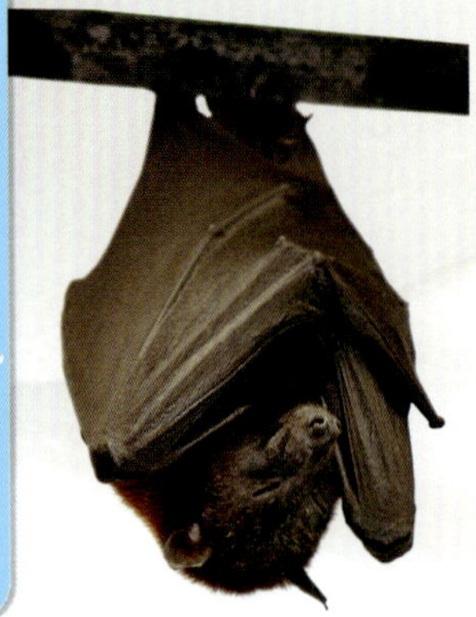

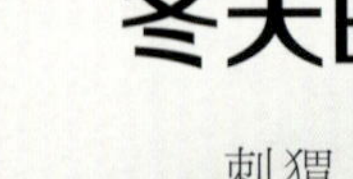

冬天的瞌睡虫

刺猬、榛睡鼠和花园睡鼠也都会冬眠。它们会蜷缩成一团，窝在自己用干草铺的洞穴里。蝙蝠则会在山洞、树洞、屋子的地下室或阁楼里睡大觉。

沙蜥

觉轻的冬眠者

在冬眠的队伍里，蛇和蜥蜴只会进入浅睡眠，因为它们需要时不时地醒来，以防当体温和外界的温度一样时整个身体被冻住。

树皮因寒冷而脱落

对于植物王国的代表来说，冬天也是很难熬的。温度的大幅变化给树木带来了危机。在白天，一月份的阳光把树皮晒得暖洋洋的，但是太阳西下了以后，气温骤降，变得非常寒冷，这样就会引起树皮的大面积脱落，还会留下伤疤。树皮脱落的地方，就会给一些细菌和带毒的蘑菇以可乘之机，它们会顺着这条通道进入树木的内部组织。最容易受到影响的就是果园中的果树，还有多叶树木之类，比如山毛榉、角树和榆树。

冬天时的果园

温暖的皮毛

为了适应严寒的环境，哺乳动物们都会把夏天薄薄的皮衣换成冬天厚厚的皮毛。就以狐狸为例吧，它也改变着自己的生活方式。夏天时，它们晚上出来捕猎，而在冬天，为了适应猎物的昼夜节律，狐狸会在白天捕猎，因为白天猎物的活动比较多。但总的来说，狐狸在冬天不怎么活跃，当环境不利或周围出现危险信号时，它们就会蹲守在自己的洞穴前，虽然在夏天它们不怎么光顾这个洞穴。

开裂的桤木果

知识小贴士

当我们在桤木树下的积雪上看到很多黑点时，说明它在第一次降温之后还有很多种子挂在树枝上。

穿着冬大衣的狐狸

一月

在欧洲中部过冬的鸟儿

欧洲知更鸟

在冬天，我们可以观察到很多种类的鸟儿。它们有些是长期住在这里的，有些是从更寒冷的地区迁徙过来的，其中有一些鸟儿甚至还会在冬天交配。不管环境有多差，也不妨碍它们繁育后代。

红腹灰雀

来自东方的迁徙者

冬天，红腹灰雀从东方飞到欧洲中部来享受这里更好的环境，这时我们就能近距离地观察它们了。这些小家伙们个个都是美食家，专吃花楸果、山楂和野玫瑰。

果实鉴赏家

一些灌木丛在冬天的时候还会挂有果实。对于连雀、红腹灰雀和画眉鸟来说，荚蒾属植物和山楂的果实就很美味。乌鸫、山雀和欧洲知更鸟则非常愿意吃冬青树、槲寄生和花楸的浆果。

一月

连雀

树皮的清洁工

在一月份，我们很容易就能碰到山雀、旋木雀和啄木鸟，它们会在树皮里翻找小虫子，大快朵颐。

啄木鸟

冬天的求爱

在小河潺潺流过的峡谷，我们有幸能够看到白尾海雕独一无二的求爱舞蹈。在一月的城市里，我们还能听到灰林鸮也开始了求爱的呼唤，它们不畏严寒，坚持孕育后代。灰林鸮适宜在较温暖的环境下生存，它们一月求爱，直到二月份才会繁育宝宝。

灰林鸮

交叉的喙

如果这一年是松果的丰收年，那么在云杉上我们还能见到红交嘴雀。它们有着独特的喙，交叉的喙能使它们轻松地叼出种子。在一月末的时候，雌性红交嘴雀就已经生下它们的宝宝了。

红交嘴雀

雌性野鸡

雄性野鸡

靠近人类生活

野鸡是欧洲田间最常见的鸟类。冬天，它们在灌木和芦苇丛中躲避风雪。它们喜欢待在农场中和果园里，因为在这些地方，它们从来不会缺少食物。多亏野鸡有这些特性，观察者们才能够近距离地、仔细地观察它们。

翠鸟

知识小贴士

一月份，在没有结冰的水面上，我们能够看到彩色的翠鸟，在山间的小溪能看见河鸟，在田野间还能看到鹧鸪的身影，它们通常一大群紧紧地挤在一起。

踪迹和足迹

足迹是指动物留下的脚印，而踪迹却包括很多：鸟类留下的羽毛，被丢掉的公鹿角，未消化的残骸，排泄物，空了的洞穴，咬痕，拱地的痕迹，碰折的植物，等等。对于那些细心的观察者来说，冬天是观察动物足迹和踪迹的绝佳时机。獾的爪印很长（能达到7厘米），而且很深，属于前脚掌指甲特别长的那种印记。

在水库旁边的积雪上，还能看到水鼩鼱的爪印。水鼩鼱是中欧哺乳动物中有毒的一类。

如果你看到6~10厘米长，大概有牛蹄子那么宽的蹄印，这就是野猪的足迹了。

一月

那么，谁来了？

当周围变得白雪皑皑的时候，对大自然感兴趣的人这时最好的活动莫过于扮演侦探了。在松软的雪层上，能找到各种各样的动物踪迹和足迹，它们都是住在附近的小动物们留下的。

知识小贴士

狼在一月份的时候已经开始繁育后代；雄性马鹿也开始换鹿角了。

成年雄性马鹿的蹄印能达到7~9厘米长，6~7厘米宽

狐狸的爪印一般长5厘米①，跟狗爪印很像，不同的是狐狸的爪子有更宽的指腹。狐狸走路的时候会按照一条直线来走，所以人们常说“狐走一条线”

①本书中介绍的都是欧洲地区常见品种的动物体征特点，不同地区、种类的同名动物体征会因生存环境的不同有所变化。

数不清的蝙蝠

在一月份，一年一次地，蝙蝠们会占领两河中间封闭地区的地下洞穴来过冬。那个地方在卢布斯卡地区的柏来申——波兰最大的哺乳动物活动区之一附近。这个地下洞穴是德国人在20世纪30年代和第二次世界大战时期建成的，是有着走廊、小隔间和地面仓库的建筑。

进入两河中间封闭地区的入口

集体过冬

经过专家多年的调查，证明了蝙蝠在冬天会从欧洲中部的低洼地带集体飞到这里来过冬。其中一些蝙蝠甚至会飞行长达260千米的距离。每年，这个地方的蝙蝠数量都是波兰最多的，这个蝙蝠群的数量不断打破纪录，在欧洲的排名已排到了第八位。

优越的条件

2013年，几十个国际动物专家在32千米的地下通道里发现了37 280只蝙蝠，它们分别属于10个种类。与前一年相比，多增加了2 000只。来自弗罗兹瓦夫环境与生命科学大学的托马斯·科库莱维兹教授说：地下洞穴的环境很舒适，蝙蝠们在这里生活得很好。科库莱维兹教授是时刻监视着这些哺乳动物一举一动的研究员。

一月

特殊的骨骼结构，使蝙蝠能够长时间倒挂而不用担心血液和能量供应不足

蝙蝠是唯一会飞的哺乳动物。它们的四肢之间进化出了薄膜似的翅膀

会飞的哺乳动物

蝙蝠是唯一会飞的哺乳动物。频繁的飞行使它们的四肢间进化出了薄薄的一层翅膀。蝙蝠的前肢长有尖爪，使它们在远距离的飞行之后能够爬行，还能使它们在休息的时候倒立挂着。在波兰，目前为止已经有25种已被证实的蝙蝠。这些哺乳动物几乎在全球范围内都有，在热带地区尤其多。

靠昆虫来补充能量

对生活在波兰的蝙蝠来说，餐桌上唯一的美味就是昆虫。它们一般在晚上捕猎飞蛾（暗夜蝴蝶），同时也会吃双翅目的昆虫。

二月份天气记录

在波兰，二月份最高气温出现在克拉科夫，1990年2月25日：零上21℃；最低温出现在日维茨，1929年2月10日：零下40.6℃。积雪厚度最大达到84厘米，这一数据出现在1979年2月10号的苏瓦乌基，而1979年2月2日在罗兹发现的雪层厚度达到78厘米。大气压的最低值96 500帕，就出现在二月，在1989年2月26号的什切青。在波美拉尼亚和瓦尔米亚则记录到了气压最低的平均值，101 500帕。风速最大的时候能达到160千米每小时，这一数据出现在1990年2月8日的韦巴，而在1981年2月8日的苏瓦乌基风速则达到了135千米每小时。

二月

二月的严寒

这个月份的名字意味着艰苦、严寒、恶劣。二月份，白昼延长，这个月的开头几天，白昼的时间已经达到7个小时。人们认为这个月是冬天里最难熬的一个月，主要还是因为二月份的严寒。

暴风雪

在欧洲中部，暴风雪最常发生的地方是莱斯科（位于毕斯兹扎迪山），全年平均有20天在刮暴风雪；最不常出现在乌斯特卡，平均每年只有一天会刮暴风雪。在山区，这种恶劣天气肯定要多一些。数据证明，在苏台德山脉的最高峰——斯涅日卡山峰，平均一年之内有127天都被笼罩在暴风雪中，而在塔特拉山的卡斯普罗维峰上，一年平均125天都有暴风雪。

驼鹿

对于动物来说，冬季是一段艰苦的时期

二月的谚语

二月霜冻厚，冬季不会长。

二月有风暴，春天快快到。

二月霜雪总停留，夏天燥热不可挡。

二月无微风，四月狂风止。

二月风雨疾，庄稼大丰收。

第一抹复苏的标志

二月被认为是欧洲中部一年中最寒冷的一个月。一些木质坚硬的树的树干上，常会有长条状的裂口，比如橡树、角树和榆树。此时，树木的木质纤维会破裂，这是巨大的温度变化给它们带来的伤害。虽然广袤的大地上还覆盖着积雪，但大自然已经悄悄开始苏醒了。

欧亚瑞香

在欧亚瑞香还没有长出叶子的嫩芽上，我们已经能看到许多散发着芬芳的粉红色小花，花朵的香味吸引了许多种类的昆虫。为了答谢昆虫的授粉，欧亚瑞香用花朵中丰富而美味的花蜜来报答它们。

第一批树要开花了

首先开花的是榛树，它的花蕾在前一年的秋天就已经长好了。二月，黑桤木也开始传播花粉，它是最早开花的树木之一。二月底，柳树、白杨树和榆树也都开花了。

槲寄生——一种半寄生在其他树木枝丫上的植物——此时会开出不显眼的绿色小花。雪花莲也在此时开花。

不显眼的槲寄生花

知识小贴士

瑞香的拉丁语名字Daphne来自古希腊神话。传说，阿波罗爱上了一位美丽的仙女，她的名字叫Daphne。她为了摆脱阿波罗的纠缠，向宙斯求助，希望宙斯能把自己变成一株花。这就是为什么欧亚瑞香在早春就开花的原因。开花以后，它将自己隐藏在灌木丛的阴影下，直到下一次花季的到来。

春天，欧亚瑞香很早就开花了

鹤——报春的鸟

鹤，被认为是第一个迎接春天的鸟类。这些漂亮的大鸟叫声洪亮有力，报春鸣叫时，在很远的地方都能听得见。雌鹤和雄鹤一对一对地从越冬地回来以后，组成了家庭。它们常在二月选择搭建鸟巢的地点，这些鸟巢往往远离人类及其他的鹤。

大雁

第一批回来的候鸟

二月，第一批秋天飞去过冬的鸟儿已经飞回来了。如果天气适宜，它们将开始孵化幼鸟；如果天气依然寒冷，它们就等到春天回暖时再孵育宝宝。生存是艰辛的，但“早起的鸟儿有虫吃”，先回来的候鸟将占有最佳的筑巢地。

紫翅椋鸟

苍头燕雀

灰林鸮

鸟儿们飞回来了

云雀此时已经飞回来了，它们小提琴般的歌声在人们头顶回荡。冰雪慢慢融化了。在水上，我们已经能够听到第一队从北方飞回来的人字形大雁群发出的嘎嘎声。在天气情况最适宜的时候，我们也能看到第一批飞回来的画眉鸟、苍头燕雀、紫翅椋鸟、白头鹡鸰以及梅花雀。

在二月底，茶隼也飞回来了。花头鸺鹠飞回它在低地的筑巢区。那些生活在山中的鸟类则要晚一些才飞回来。在二月中旬，灰林鸮也变得活跃起来。

二月，我们能听到鹪鹩的歌声，喊呋喊呋。在这个月，北欧雷鸟也开始发出嘟嘟的叫声。

松鸡

灰林鸮的繁殖

寒冷的夜晚，在薄雾环绕的森林里、公园里和墓地里，我们能够听到灰林鸮的叫声。二月是它们交配季节的开始，雄性灰林鸮会用叫声来宣示自己的领地。在接下来的几个月中，它的邻居都会尊重它的领地。在九月份以后，灰林鸮会寻找新的领地，宣示领地的方式将再一次上演。以后灰林鸮会选择中空而年老的树建筑自己的鸟巢。二月底或三月初，它们将产下3~4枚蛋。

不爱活动的山雀

二月初，一种我们最常看见的山雀——大山雀，开始演唱它的爱情赞歌。冬天，它不北飞，靠吃蛋、幼虫和在树皮裂缝中冬眠的无脊椎动物的茧过活。大山雀在空的洞穴和巢箱中筑巢。在春季，雌性大山雀能产下多达12只蛋。山雀都不怎么爱活动，所以当我们在冬天散步或是远足时，很可能撞见正从树皮中寻找食物的大山雀。

鸟儿们飞走了

二月，太平鸟飞回了冻土苔原；乌鸦也开始了它的飞行旅程；“波兰”乌鸦回到法国、德国、西班牙，而“俄罗斯”乌鸦从波兰飞往北方与东方，再次远去。

寻找伴侣的灰山鹑

二月底，灰山鹑开始结为伴侣，它们将一直相伴至夏天的末尾。在大雪覆盖的田野和草地上，雄性灰山鹑“克莱克，克莱克”的叫声开始持续不断地回荡起来，同时，它们会把自己的羽毛竖起展示，这样就能找到自己的“意中人”。

勇敢的翠鸟

在这个特殊的季节，翠鸟的孤独生活也结束了，它们有了自己的伴侣。一对雌雄翠鸟彼此追逐着，雄性翠鸟抖动着整个身体，向雌性翠鸟展示自己的魅力。翠鸟的领地意识非常强，但在春天，它不得不和天敌以及其他的鸟共享一片领地。准备孵育小翠鸟的雌性翠鸟会在悬崖上挖出一个通道，它们将在这个通道里迎接自己宝宝的出世。

灰山鹑

哺乳动物的苏醒

二月，虽然总体而言还是非常寒冷，但是动物们已经苏醒过来，对即将来临的春天满怀期待。为了在天气完全转暖、春天真正来临时产下自己的后代，许多动物开始寻找伴侣。

二月，鹿的角开始自然脱落。

驼鹿

鹿开始换角

在二月的头几天，驼鹿的角就开始脱落了。这时我们很难区分雄驼鹿和雌驼鹿，因为雌驼鹿是没有鹿角的。越是年纪大的驼鹿，就会越早失去象征着它力量的鹿角。

二月底，各个种类的鹿都脱去了它们的旧鹿角，然后在原来的位置上会长出新的鹿角。这些崭新的鹿角将在八月完成生长，成为它们头部的新装饰

马鹿

二月

二月，森林中的一种独居动物——猞猁也在期待自己的伴侣。它总是“喵呜”地叫着，有时还发出低声的吼叫。五月，小猞猁们就会来到这个世界，通常一窝小猞猁有2~3只

猞猁

斑猫

交配的季节

二月中旬，许多哺乳动物开始了一种生机勃勃的生活。家兔与野兔开始寻找伴侣，而此时狼、斑猫和貂已经开始交配了。

虽然松鼠天生就是一种独居动物，但在二月份，它们仍然成双成对，因为它们的交配季节快要来临了。

认识松果背后的“消费者”

在松果的后面，我们能发现它的“消费者”。松果内部藏有种子，无论是松树、云杉树、冷杉树或是落叶松的松果，都是许多动物食物的来源，尤其是在冬季。这些动物用自己独特的方式从松果中取出种子。所以，我们只需看一看哪里有被打开的松果，就能发现它后面的“消费者”了。

羽毛华丽的大斑啄木鸟将松果带到自己的“加工厂”，也就是树的裂缝中。在这里，它能安心地用长而有力，并且带黏液的鸟喙打破松果，并吃到里面的种子。从啄木鸟这样的“松果消费模式”中，我们就可以明白为什么大树下会有那么多裂开的松果了。

松鼠用完全不同的方法来除去松果外部的鳞片。它先从松果底部开始啃，而且会保留松果顶端的鳞片。所以，当大树下散落一地没有被完全去除鳞片的松果时，就暗示着松鼠曾在这里饱餐过一顿。

啄木鸟的“加工厂”

交喙鸟用它独特的鸟喙拨开松果的鳞片，从里面取出种子。被这种方式处理过的松果常常会有弯曲的鳞片，且破裂成两半

松鼠

三月

三月天气记录

根据波兰百年来的气象记录，历年三月份的最高温度为25.6℃，出现于1974年3月30日，在新松琦；而最低温度则为零下30.9℃，出现在1963年3月1日，在热舒夫。

1996年3月6日，在扎莫稀奇，人们测量到了三月份最厚的积雪，达到48厘米深。全国范围内最低的空气相对湿度，是1972年3月14日别尔斯科-比亚瓦的4%和1990年3月14日罗兹的16%。

1990年3月9日在苏台德地区斯涅兹卡山上，刮了最强的一股风，速度达346千米每小时。1990年3月9日，凯尔采的风速达到125千米每小时，而1983年3月7日，奥尔什丁的风速达到115千米每小时。

战神的三月

波兰语的“三月”一词来自于拉丁语“martius”。在古代，这个月是火星月，同时也是战神之月。

知识小贴士

气候意义上的春天，是指每日平均温度都在5～15℃范围内的一段时间。物候学上春天到来的标志，是植被开始出现，以及雪花莲和番红花等各种花的开放。

日历上的春天

三月，真正的春天已经开始了。但是也有一些年份，三月依然笼罩在冰雪和霜冻的寒冷之中，2013年的三月就是一个最好的例子。我们把三月称作“早春”。每年随着3月20日左右春分的来临，日历上的春天才真正开始。在波兰，按照传统，人们会把象征着寒冬死亡的女神玛拉的肖像娃娃扔进水里“淹死”，迎接春天的重生。

三月的谚语：

三月干燥，五月潮湿，麦子迎来大丰收。

三月的天气，说变就变。

三月风巨变，雨水随时来，所以别奇怪，老人有预感。

三月大雁归，暖春就要来。

燕子蜜蜂飞，春天快快来。

早春的番红花

天文学中的春天

20世纪时，天文学中的春天通常是从3月21日开始算起的。但到了20世纪末，渐渐变成了3月20日。计算表明，一直到2043年都还是这样。但到了2044年，天文学中的春天就将从3月19日开始了！导致这个时间移动的原因是地轴的运动。

三月，冰雪融化

三月

雪花莲

报春花

雪花莲、番红花、银莲花——这些喜光植物是最早报告春天消息的花朵，它们比新生的树叶来得更早。事实上，树木的新叶要到夏天才会长成。这些花朵能够这么早就开放，是因为它们在很大程度上利用了温度的升高。三月的白天已经能够长达12小时，并且能够保证很长时间的日照。但对它们最重要的，还是地下的“食物贮藏室”即根茎——块茎或球茎中的养分。在这个全新的生长季节，花朵利用这些养分来蓬勃生长。

不同品种的番红花装点了花园

雪花莲

三月，雪花莲开花了。这是一种精致而迷人的植物。它的名字是由动植物分类学之父——卡尔·冯·林奈创建的，取自希腊语“gala”——牛奶，和“athos”——花，合在一起就是“牛奶般的花”。

从二月一直到四月，我们都能见到雪花莲，但它主要的开花时间是在三月份，大片的雪花莲为大地装点上一袭雪白的毯子。雪花莲有一个有趣的现象，那就是它会随着温度的变化而开合。从发芽到第一次开花，雪花莲需要5～6年的准备时间。它在潮湿的落叶林中，在灌木丛里，在草地边生长。它散布在喀尔巴阡山脉和苏台德地区等较高海拔的地方。野生的雪花莲是珍稀物种，被纳入波兰重点保护的物种当中。

番红花，也就是藏红花

番红花是有名的报春使者，主要生长在山地牧场、峡谷或是高山牧场上，主要分布在塔特拉山脉地区。它的波兰语学名是“Crocus scepusiensis”，也就是藏红花，但人们通常都叫它番红花。“藏红花”这个名称多用于形容风干后易于保存的花朵。关于番红花以及它的使用，可以追溯到公元前3000年。当时，埃及人在与医学相关的莎草纸文献中提到了番红花。番红花在当时已经是一种独特的植物，它被祭司和法老用于医药和化妆品，也被当作献给神明的贡品。关于番红花的烹饪则出现在古代波斯，使用的是来自中东地区人工种植的番红花。这是世界上最昂贵的香料。它的花朵被掺杂在金色的染料中，用来给甜点上色。1千克的香料需要15万朵番红花才能制成。

知识小贴士

水杨酸来自于柳树的拉丁语名称“Salix”。在柳树的树皮中，人们第一次发现了水杨酸。如今，它是阿司匹林——世界上使用最广泛的药物的一种成分。

春天的其他花朵

三月，在森林和森林边上，獐耳细辛和银莲花开放了。在波兰南部，我们也时常能够看见雪花莲。三月，獐耳细辛也开花了，它的名字来源于它幼苗时期的形状和颜色，让人联想到獐子的叶耳朵。还有一种特殊的植物——白屈菜也苏醒了。它生长在潮湿的森林中，每到傍晚，它那金色的花朵就会合拢。白屈菜富含维生素C，因此，常被人们用来治疗坏血病。在沟渠和道路两旁，普通的款冬开花了，此时它的新叶还未发芽；在池塘和湖泊边的潮湿地带，粉红色的款冬也开花了。

开花的树

三月，山杨树开花了，在河谷还有黑杨树、白杨树和灰杨树。黑桤木也开始传播花粉，与此同时，山谷和山脚的溪流旁的灰桤木，以及在毕斯兹扎迪山西部高山牧场上的绿桤木也都开花了。

柳树，此时也长出了花序，也就是我们俗称的柳絮。它们是春天大自然苏醒的标志。柳树的树皮含有水杨苷，被用来制作解热药、消炎药等药品。

三月，松树的树冠上结满了松果。松树的种子会从松果中爆出并飞行相当远的一段距离

三月，常青藤黑色的果子成熟了

凤头麦鸡

春天的苏醒

三月，整个大自然已经重新变得充满生机了。尽管天气仍然多变，但是几乎所有的动物都开始了春季的忙碌。它们从冬眠中醒来，开始交配、筑巢，等待温暖的春天真正到来。

长耳鸮

更多鸟儿飞回来了

三月，灰鹭、白鹳、大雁、蛎鹬、凤头麦鸡、赤足鹬、丘鹬、槲鸫开始飞回来了。百灵鸟、紫翅椋鸟、苍头燕雀、绿黄色科鸣鸟、朱顶雀和白鹡鸰也都出现了。

繁殖期的领地

三月，灰林鸮和长尾林鸮叫声活跃，忙碌于繁殖。花头鸺鹠和长耳鸮也开始苏醒。花头鸺鹠回到树洞中繁殖，长耳鸮也离开了冬季的鸟群，来到繁殖保护区。一直到四月底，它们都非常活跃。

花头鸺鹠

三月

第一个巢穴

三月，翠鸟在峭壁和水边筑巢，而鸦将巢筑在地上。此时，鹤、白尾海雕和乌鸦都已经开始繁殖了。

鹤

鲑鱼

三月是这些鱼产卵的季节：虹鳟鱼、白斑狗鱼、杜父鱼、茴鱼、河鲈、梅花鲈

冬眠的结束

林蛙和田野林蛙从冬眠中醒来，而蟾蜍和锄足蟾则开始它们储存水分的旅程。

林蛙

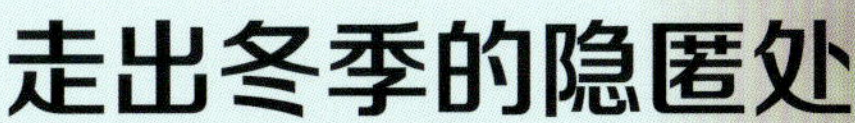

走出冬季的隐匿处

三月，蝙蝠醒来，在夜晚，我们可以看到大耳蝠在捕食昆虫。鼹鼠、刺猬和獾，都从冬天的隐匿处出来了。

刺猬

雄性猞猁仍然陪伴着自己的心上人，而上一年出生的小猞猁则迎来了独自生活的挑战

黑琴鸡的鸣叫

从三月底到五月中旬，我们都能听到黑琴鸡的嘟嘟声。它们成群结队地在地上和树上发出这样的叫声。它们也喜欢在森林里的空地上或是灌木丛边上发出嘟嘟声。这种声音从晚上大约3点钟就开始了。当太阳从东边升起时，它们会短暂地停止，然后继续鸣叫到8点。当黑琴鸡鸣叫时，会发出两种不同的声音，雌鸟“沙——沙——”地叫，而雄鸟“咕噜噜，咕噜噜”地叫。雄鸡在发出叫声时，会收紧它的翅膀，扑向地面，然后伸展开来，直飞入空中。或者，它会在和别的雄鸡打斗过程中将颈部伸得和地面平行，并以这个姿势奔跑、扑腾、跳动，非常活跃。黑琴鸡对天气非常敏感，当将要下雨、下雪或是刮大风时，它就会停止鸣叫。

让我们来制作植物标本吧！

为了能更好地认识植物并牢记它们开花的时间，制作植物标本是非常不错的选择。这样的发现之旅是认识春天的最好方法。

我们将会用到什么？

——旧报纸，

——两块22厘米×30 厘米大小的薄纸板或类似的纸板，

——用于贴标本的册子，

——标签，

——4枚大回形针，

——书本或其他平滑的重物用来压标本。

我们应该怎么操作？

为了将常见的带有花、叶、茎的植物做成干燥的标本，最好用锋利的刀把它们切开。记住！不能伤害植物的根部。不应该在雨后收集植物，因为这会使接下来的干燥工作变得非常困难。

知识小贴士

最棒的方式是按植物开花的月份来排列标本。这是给在植物王国中辛勤工作的研究者的任务。虽然艰辛，但最后你一定会对自己的成果感到非常满意！

1.把植物铺在报纸上

采回植物后，要将它们完整地铺在报纸上，这样可以将花朵和叶子都展开。然后，我们要在上面盖上至少两张报纸，才可以继续在上面铺新的植物，然后再盖上至少两张报纸。

2.把它压紧，干燥

将铺满植物的报纸的四个角叠起来，再用回形针将四个角固定，放在两块纸板之间。然后在上面放一本大书，压紧植物，使它干燥。整个干燥的过程将持续10～14天，这期间要记得不断地用干报纸替换湿报纸。

3.粘贴并制作标本

当植物完全干燥后，小心地把它粘贴到标本册上，并写上标签。在每一个标签上，我们可以写：植物的名称、采集的时间和地点。为保险起见，我们可以将每一页标本都放入塑料的相册膜中，然后放入文件夹中。在夏天和秋天，你也可以按照这样的步骤继续收集植物，制作标本，并和春天的标本一起，扩充自己的标本册。

四月

四月天气记录

根据波兰百年来的气象记录，历年四月份的最高温度为30.9℃，出现于1968年4月23日的斯武比采；而最低温度则为零下14.5℃，出现在1977年4月1日的绿山城。

1995年4月15日，在塔特拉山脉的卡司普罗瓦峰，人们测量到了四月份最厚的积雪，有355厘米深。全国范围内最低的空气相对湿度，是1988年4月17日斯武比采的16%。

最寒冷的春天在这些年出现：1976年、1980年和1987年；而最温暖的春天在这些年出现：1989年、1999年、2000年、2002年和2007年。

落叶松

开花的时节

过去，四月也被称作“花的大聚集”，因为四月召唤来了第一批开放的花。第一批花可以开放13个小时之久。四月初，河流解除冰封，田野和草地上的残雪融化了；然而早晨和夜晚还是寒冷的，仍然常会结霜。和它的名字一样，这个月是各种植物开花的季节，越来越长的日照时间使春花竞相开放。

稠李

山楂树

第一批开花的树

四月中旬，许多乔木和灌木都开花了：野梨树，散发着美妙香味的稠李，山楂树，挪威枫树，桦木。在明亮的森林中，红果接骨木开花了。在森林边缘地带，黑刺李也开花了。在针叶林中，落叶松开花了，在它绿色的枝丫上，我们能看到红黄色或淡黄色的花。

在森林的树丛里

在森林的树丛里，三色堇、肺草、山酢浆草和长春花开花了，细辛也开出了深棕色的花。在这个月，银莲花开放了，它仿佛为森林铺上了一层精美厚实的地毯。开花后，直到夏天，它的叶子将一直保持绿色。在针叶林下方的树丛中，我们能发现一丛丛开着红绿相间小花的欧洲越橘（一种黑色的小浆果）。在低地的落叶林或灌木丛中，黄花九轮草散发着迷人的香气。

月是这些树刚长出浅绿色叶的时节：梓，欧洲山杨，耳枥，榆树

四月的谚语

四月太阳室外挂，屋内不再挤得慌。

四月的暖雨预示了秋季的明朗。

秋季农民的谷子会像四月的露珠一样饱满。

四月的天，忽冷忽热。

四月雨水多，水果大丰收。

银莲花

黄花九轮草

三色堇

可以食用的羊肚菌

在四月末，我们能够在落叶林中发现羊肚菌——一种在波兰被重点保护的蘑菇。在这个时节，有毒的鹿花菌也开始在针叶林中出现，它是栗褐色的，也被称作“巴比耳朵”

有毒的栗褐色鹿花菌

齿鳞草
——树木上的寄生植物

四月，我们能够看见开花的粉色齿鳞草，它是一种不含叶绿素的寄生植物，通常寄生在落叶树木或云杉树的根部。齿鳞草常常生长在榉树林或橡树和鹅耳枥相间的树林中。这种植物的绝大部分隐藏在地下，它那布满鳞片的根茎在土壤中努力生长着，这些根茎有时可以达到5千克之重。地面上的肉质部分是它的花芽，带有鳞屑叶。在地下潜伏蓄力10年后，齿鳞草才来到地面上生长。它顶着粉色的、一圈圈排列着的花。大黄蜂沉醉于它的花蜜，并为它传播花粉。齿鳞草的果实是包裹着大量种子的囊泡，这些种子一旦落到土壤中，将能够在很长的一段时间内保持发芽的能力，而且，只有当这些种子接触到寄生树木的根部时，它们才会发芽。从这些种子中，能够再生长出带有吸嘴的胚根分支，这些分支将会穿透寄生树木的根部。凭借这样的方式，齿鳞草从各种树木的根部吸取营养，这些树木常常是榉木、杨树、榆树、桤木和榛子树。研究人员发现，齿鳞草“袭击”的树木多达15种，灌木多达13种！

有趣的植物

在四月，我们能够看到许多有趣的开花植物，它们之中有被保护的稀有植物，如白头翁花和花格贝母；也有寄生类植物，比如没有叶绿素的粉色齿鳞草。

有趣的是，这些红褐色的花格贝母花有着棋盘一样的花纹。有时，你也可以发现奶油色的花格贝母。这种花以及它的名字都来自拉丁美洲，人们根据这种花的形状，用骰子游戏中的杯子“FRITILLUS”一词给它命名

花格贝母

四月底，花格贝母开花了。这是一种非常珍贵的植物，在“波兰植物红皮书”中它被列为濒危物种。20世纪后半叶，在萨恩河流域生长着欧洲数量最多的花格贝母；然而，由于耕种活动扩大和草地水分减少，以及人类因其异常美丽的外观而对其进行的破坏，使得现如今花格贝母已经十分罕见。人们最近一次发现它是在别布扎河流域。

白头翁花

白头翁花花期是三月到五月，通常在四月时，花就全开了。在一些欧洲语言中，人们称它为复活节的花。因为用它制作的颜料，可以为复活节彩蛋染上艳丽的色彩。

在公园，花园和果园中

四月的花朵为公园、花园和果园装点上了最美的色彩。在这些地方，我们会遇见许多在野生环境中很难看见的花，它们同样能让我们自然而然地联想到春天，而且几乎每个人都认识这些花。观赏灌木之首——连翘开花了，果园里，杏树和桃树也开花了。公园里和广场上，大片大片的木兰花连绵不绝。

接骨木花

木兰花——春天的皇后

木兰花是春天的皇后，它淡粉色和白色的花朵在叶片长出前就早早地开放了。19世纪初，在中欧以及巴黎的郊区佛罗门特，最常见的，也是种植最广的一种木兰叫作二乔木兰。1826年，第一批培育出的二乔木兰开花了。随着时间的推移，在这个品种的基础上人们培育出了更多吸引人的木兰品种。无论是光秃秃，还是绿叶成荫，木兰花树都能高达5米。在叶子长出之前，大部分木兰花就已经开放了，它们呈现着或深或浅的粉色和白色。花朵长在光溜溜的树干上，像是为整棵树穿上了一件只有花朵的美丽长袍，从远处看，很是抢眼。

木兰花

樱桃树

在四月和五月初，对于来到华沙维拉诺夫的游客们来说，盛开的玉兰花让这里变得格外迷人。如果再加上芬芳的气味，我们就能体会到什么叫作“深深沉醉在春天里”了。

桃园

连翘

连翘和杏花开放

成片的连翘花在四月里像一朵朵黄色的云。七叶树上许多发黏的嫩芽开始破裂，从中生长出银灰色的、有细毛覆盖的树叶。丁香树枝上开始长出树叶。在果园里，果树们都在开花，其中第一批盛开的有杏花、桃花和樱桃的花，然后是李树。开花会一直持续到五月。有时梨树和经过嫁接的苹果树也在四月开花。

地鼠

交配和出生的时间

在四月，动物世界也迎来了复苏。冬眠过后最后的贪睡者也已经苏醒。众多哺乳动物的幼崽来到了世界上，美丽的鳞翅目昆虫开始为了交配而飞行。自然，那些林地中的害虫们也开始繁殖。鱼类开始向河流的上游迁徙，青蛙和蟾蜍也开始了各自的交配。

四月的活动

地鼠们从冬日的洞穴里钻出来，熊离开了自己的窝。地面上的许多鼹鼠丘（鼹鼠打洞时扒出的泥土堆成小丘）可以证实，鼹鼠们在急迫地寻找食物。鹿和狍子开始脱毛，褪去冬日的厚皮毛好迎接夏日。

熊和它的幼崽们

四月

小动物们

四月里，年幼的狍子、狐狸、水獭、野猪、獾、野猫、鼬和松鼠来到世界上。狼选择在一般动物够不到的地方安置自己的窝。到了四月的后半月，母狼会在这里产下2~6只幼狼。

小狐狸

年幼的水獭

小猪

鲈鱼

鲦鱼

菜粉蝶

向河的上游迁徙

鱼类开始向河流的上游迁徙。四月开始产卵的动物有：条鳍鱼、高体雅罗鱼、鲦鱼、鳅鱼、鲈鱼、鳑鲏和刺鱼，它们还要为了自己的后代造窝呢。

昆虫们

第一批鳞翅目昆虫出现了，比如钩粉蝶、菜粉蝶和蜻蜓。在草地中水芹开花的地方经常能够遇到橙尖粉蝶——它们通体呈白色，只在翅膀上有着特别的橙色斑点。在蜜蜂世界中，蜜蜂妈妈的身体开始快速变红。在针叶林中，那些伤害树木的害虫群开始进入活动期，比如欧洲云杉树皮甲虫、松阿扁叶蜂和松叶峰。

橙尖粉蝶

钩粉蝶

蓝色的青蛙

在这个时期，我们可以在较浅的、安静的水域观察到一些特殊的现象：为了交配，雄性田野林蛙会用漂亮的天蓝色装扮自己。它们通常一大群聚集在一起。四月也是灰色蟾蜍和绿色蟾蜍交配的时节。

田野林蛙

鸟类的活跃期

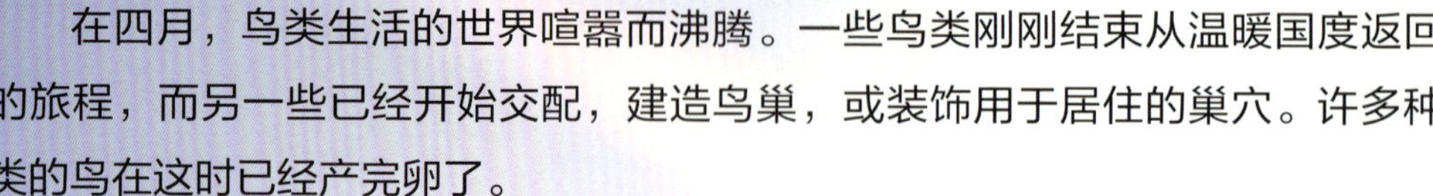

在四月，鸟类生活的世界喧嚣而沸腾。一些鸟类刚刚结束从温暖国度返回的旅程，而另一些已经开始交配，建造鸟巢，或装饰用于居住的巢穴。许多种类的鸟在这时已经产完卵了。

戴胜

燕子

大规模的返程

在四月，许多迁徙的鸟类从南方回到波兰，例如：鹡鸰鸟、田云雀，比它们晚一点儿的还有戴胜、雨燕、鹟。在半个月的时间内，第一批飞来的是雨燕，然后是家燕，之后是白腹毛脚燕。月末时，果园里和灌木丛中会出现鸟类音乐会的大师——夜莺。布杜鹃也会飞来。

白鹳

从三月到四月，白鹳开始了长达8 000千米的里程，飞回波兰。对此我们可以非常自豪，因为据专家们的估计，在全世界范围内，每四只鹳里就有一只是白鹳！

白鹳

四月

鸟类的观察者开始活动

在森林里，也开始出现鸟类的身影，其中包括：戴菊莺、银喉长尾山雀、树麻雀、夜鹰、欧夜鹰、画鹛和黄雀。人们在散步时会带着双筒望远镜和详细的鸟类志，这是观察鸟类的绝佳时机。

山雀

家燕

搭建鸟巢

鸟巢的建造是一门特别的艺术。白腹毛脚燕是筑巢“瓦工”中的大师，因为它会完成多达500次飞行，用叶片从黏着的泥土中收集建筑燕巢的材料。燕巢常常建造在突出的房屋横梁，也就是“大屋檐”的下面。在这段时间里，欧惊鸟和山雀将自己的巢安在树洞或者小穴中。雄性云雀常常躲在它们田野里的巢穴中。“歌手”画眉用草茎和嫩枝来打造自己精心设计的住所，它的鸟巢底部为朽木、土和叶片，它们用唾液黏合这些建筑材料。五子雀的活动方式非常特别，它们能够进行小幅度的跳跃，并在树干下方头朝下倒着移动。它们的巢常建在树洞里。如果五子雀觉得自己的树洞太大了，就会用泥巴筑墙来缩小洞内空间。

杜鹃

杜鹃——巢寄生

雌性杜鹃自己不建造鸟巢，而把产出的蛋放到比它们体型小得多的鸟类的巢中。杜鹃的雏鸟会最早孵化出壳并且存活得最好。虽然刚破壳时，小杜鹃仅重3克左右，但它们会将鸟巢主人所产的蛋扔出去以便应对竞争。小杜鹃像杂草一样疯狂生长，在长达3周的大量进食之后，已经重约100克。这时，在与自己有收养关系的巢穴中，杜鹃已经成了体型最大的鸟了！

产卵和孵化

在四月产卵的鸟类有：秃鼻乌鸦、寒鸦、喜鹊、苍头燕雀、麻雀、白鹡鸰、乌鸫和赭红尾鸲。紧接着产卵的是北欧雷鸟、松鸡、雉鸡和鹧鸪。野生的鸭子也开始进行繁殖。雏鸟孵化的阶段也开始了，例如，在泥土制成的小洞穴中，小翠鸟们来到了世界上。

洞旁的五子雀

苍头燕雀的巢

巢边的乌鸫

五月

五月天气记录

五月最高气温为37.5℃，出现在1956年5月28日的卢布林；最低气温为零下6.3℃，出现在1953年5月2日的伦堡。持续三个小时的最大降水量为222毫米，发生于1941年的5月19日的涅沙瓦；最大一昼夜降水量为102.88毫米，发生在1987年5月22日的克罗斯诺。最高降雪覆盖量达82厘米，发生于1975年5月19日的泰雷斯波尔。最低相对湿度为17%，发生于1986年5月7日的霍伊尼采和1997年5月4日的华沙。最强风力记载于1968年5月6日，出现在塔特拉山脉的卡斯普罗维峰，风速达288千米每小时。

盛装的五月

这个月份的波兰语名称来源于罗马女神——迈亚（Mai），她是墨丘利（Merkur）的母亲。在波兰语中“mai”表示穿着讲究、盛装打扮的意思。这个月被认为是全年中最美的一个月。在五月，白昼明显变长，最长达到16.5个小时。虽然夜晚和黎明时还有些凉意，但五月已经足够温暖。有时在五月中旬还会下霜，在波兰也被称作“寒冷的索菲亚（Zofia）”，这一名称与5月15日是波兰人名索菲亚（Zofia）的姓名日有关（在波兰的日历上，大部分名字都能找到自己的姓名日——一年中的一天或者几天）。

芳香的灌木丛盛开

这个月也是许多灌木开花的时节。这些灌木的花朵散发着令人陶醉的香气，其中包括丁香、稠李、山茱萸、小檗属植物、鼠李属植物、毒豆、雪球花树和山梅花。

金凤蝶

丁香花

知识小贴士

在中国东部，太阳升起要比中国西部早两小时左右。

绿色的青蛙

五月的谚语

五月杜鹃布谷布谷叫，
秋季丰收会来到。
五月的头天不哭泣，
今年的面包多多的。
五月下起雪，
干燥夏季将来临。
如果五月雷声频繁响，
飞禽会健康成长。

在这个时候，七叶树美丽而芬芳的花朵使人着迷

山梅花的种植

芳香的山梅花从波斯来到欧洲。目前山梅花最大的种植基地在法国。它是某著名香水的重要成分。采摘和收集它的花朵要在破晓以前，因为时间再晚一点它们的香气就会减弱。将这种灌木的花朵加入茶中，会为茶水增添独特的芳香。

山梅花

五月的草地

五月里，西洋蒲公英数以千计的金色花朵装饰着草地，到了月末，蒲公英的花朵会变成一种草药。蒲公英能够产生大量的种子，它们撑着毛茸茸的小伞飘来飞去，因此蒲公英能够迁徙得很远，并且随着风散播自己的种子。

油菜花

油菜花

开花的油菜给田野镀上了一层金；由于油菜可以用作生物燃油（在某些国家也用作食用油），被广泛种植，因此到处都可以看到黄灿灿的油菜田。

五月

白色的林中花朵

在落叶林中，一些植物的花朵像雪一样洁白——熊葱、多花的繁缕、欧铃兰、舞鹤草、香车叶草和白花酢浆草。

野生兰花

在森林的明亮处和田野里，盛开着像香草一样芳香的白色舌唇兰，而在较为阴暗的地方盛开着绿色的舌唇兰。在潮湿的落叶林中，我们还能遇到同样来自兰花家族的对叶兰，而在针叶林中可以遇到心形双叶兰。

越橘、欧铃兰和杜香

森林里，欧洲越橘和红豆越橘开得正盛，还有五月的铃兰、紫罗兰、野草莓花和金雀花。林间空地上，在路边和被砍伐过的地方，都能看到白色覆盆子的花朵。泥炭沼泽中，笃斯越橘和杜香也开花了。

雌性驼鹿和小驼鹿

年幼的动物们出生

年幼的臭鼬、水獭和野猫都在五月出生。在远离牲畜群的隐蔽处，雌性欧洲野牛产下平均重达20~35千克的小牛。在森林边缘地区的安全地带，通常会有2~3只小猞猁出生，它们一般重200~300克，暂时还不能独立生存。在这段时间出生的还有狍子、马鹿和驼鹿。

年幼的驼鹿

五月中旬，在森林的隐蔽处或草丛中常常会有小驼鹿出生，它们重达11~16千克，直立高度达到70~90厘米，所以实际上并没有“小”驼鹿！它们在出生十几分钟后就能站起来。白天，驼鹿妈妈将幼崽隐藏起来不让捕食者发现，或者与小驼鹿一起躲在灌木丛中，因为小驼鹿还没有足够的力气跟在驼鹿妈妈后面行走。三天之后，小驼鹿已经变得强壮多了，并且能够飞快地奔跑。它们刚出生时虚弱的哼唧声早已变成了令人害怕的嘶鸣。经过5个月每日5~6次的母乳喂养，此时小驼鹿已经学会了独立寻找猎物。年幼的驼鹿比其他任何大型哺乳动物的幼崽都成长得快，因为它们仅有6个月的成长时间，接着就要面对即将来临的冬季。在整整一年中，它们每天都能增长1千克体重！驼鹿妈妈非常用心地照顾它们，经常仔细地舔舐它们，消除气味，让捕食者难以追踪。一旦捕食者出现在附近，驼鹿妈妈会毫不犹豫地出击，把捕食者赶跑。

五月

鹿角生长初期

生长中的鹿角带有茸毛

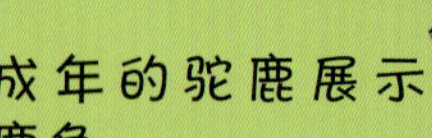
成年的驼鹿展示鹿角

鹿角的生长

从生命的开始到第一个秋天，年幼的雄鹿头上会长出两个小的、直径大约1厘米的小结节。刚开始小驼鹿的鹿角是短而直的，慢慢地，它们会开始分叉，并产生越来越多的分支。每个成年驼鹿的角都会有6~10个分叉，其中有些分叉会长成特有的“铲子”形状。

驼鹿的幼崽

知识小贴士

五月是成年雄鹿长出新鹿角的最后时期。

垂钓者渴望得到的蜉蝣

在五月的清晨，一个个尚未成熟的蜉蝣迅速浮出水面，毫不显眼，它们作为幼虫在水中已经生活了2~3年。在几个小时内，蜉蝣以惊人的速度经历脱皮的过程，并且成为身长5厘米、长有美丽翅膀的成年昆虫。雄性蜉蝣会在空中聚集成巨大的一群，其中也有一些雌性蜉蝣，它们想要寻找自己的终身伴侣。雌性蜉蝣受精之后就会回到水中产卵，产卵后它们很快就会死去。

在昆虫中

五月里，在林间空地可以见到大量的鳞翅目昆虫，其中格外美丽的几类是金凤蝶、稀有燕尾蝶和优红蛱蝶。到了晚上，金龟子也会开始自己的飞行。

金凤蝶

优红蛱蝶

稀有燕尾蝶

盛开的花就像昆虫捕捉器

许多昆虫被花朵的颜色和气味所吸引，帮助花朵完成传粉的任务。昆虫想找的食物有花粉微粒和花蜜，花蜜是花瓣分泌出的甜味液体。植物开花时通常会形成浅绿色的花序，它的气味会吸引小飞虫飞进其内部。小飞虫进入花朵内部就如同进入了一个昆虫捕捉器，它会在那里被囚禁3天，之后花朵会张开，带着花粉的小飞虫会飞到另一朵花上。多亏了这样的传粉过程，丰盛诱人的深红色浆果才能够长成。

开花状态的斑叶阿若母

结果状态的斑叶阿若母

刺槐的开花状态

蜜蜂能够生产出刺槐蜜

在这段时间里，蜜蜂们很乐意造访洋槐的花朵，洋槐经常被误认为是金合欢。刺槐的白色花朵散发着浓烈的香气并且分泌出花蜜，蜜蜂用这些花蜜生产出琥珀色的刺槐蜜。

在两栖动物和爬行动物中

五月是呱呱叫的青蛙们举办特别演唱会的时候，歌手们包括：青蛙、蟾蜍、树蛙、铃蟾和锄足蟾。它们的叫声不仅是一种交流方式，也是交配仪式中的重要元素。蛇蜥和蜥蜴也苏醒并开始活动了。

铃蟾

田野林蛙

田野林蛙的卵

树蛙是非常小的两栖动物。为了获得繁殖的伴侣，它们会发出嘶哑的声音

青蛙会咯咯地叫，并且将水泡作为鸣叫的共鸣器

蝾螈也在五月进行交配。这四个种类是波兰两栖动物的代表

在交配期间，雌性捷蜥蜴会换上一身美丽的绿衣裳

蛇和蜥蜴

爬行动物们以冬眠的状态度过寒冷的季节。蛇会认真仔细地选择舒适的地方，在每一个这样的地方往往聚集着几十条蛇。到了春天，根据环境的温度，爬行动物会苏醒并开始活动。在波兰，四、五月之交通常是黑刺李开花的时间，那时也是爬行动物们开始交配的季节。

水游蛇

在鹳和燕子中

五月中旬，第一批小鹳鸟破壳而出了。燕子也在五月开始进入繁殖期，这一阶段会持续到七、八月。

鹳在筑巢

鹳一般会产下两个蛋

鹳和两只幼鸟

学习飞行

鹳巢中的铁规矩

尽管根据记载，雌鹳的产卵数量已经上升到了7个，但年轻的鹳夫妇仍然会花费很多的精力来筑巢，虽然其巢穴的大小也只能容纳2颗鸟蛋。鹳们都是温柔的父母，如果需要，它们能够为保护幼鸟而献身。它们会用自己的身体为幼鸟挡住强烈的日光、雨水还有冰雹；然而它们信仰斯巴达式的规矩——应该将体弱多病的鹳从巢中移除。有趣的是，在鹳家族里，幼鹳生病的信号常常是不那么欢实地鸣叫。每当父母飞回巢中时，它们会不停地鸣叫欢呼，表达自己“急需父母”的愿望，而真正急需父母的病鹳反倒做不到这一点了。

知识小贴士

很久以前，人们就将燕子在家中筑巢视为好运的征兆。早在几个世纪前，燕子就已经是下雨前飞来的天气预报者，人类对燕子非常有好感，并且认为“破坏燕巢是邪恶的行为，这样做会长雀斑、长疥癣甚至失明”。

崖沙燕

崖沙燕的巢穴

燕子的繁殖期

成对的燕子用混杂着唾液的泥巴和黏土筑巢。崖沙燕将自己的巢建造在绝壁或陡坡的沙质墙体中。长达1.5米的通道尽头是草和羽绒，这些都将被运送给巢穴的小室。蛋的孵化由雄燕和雌燕交替进行。两周后雏燕就会孵化出来，它们将在燕巢中待22～23天。离开燕巢后，父母依然会喂养它们。它们经常离家，一走就是几天或十几天，在这期间燕子很少接触地面，一般在夜晚才回到巢中。当雏燕完全获得了自立能力，它们就会在燕巢的周围自己捕食了。

崖沙燕的巢穴

白屈菜

燕子常常和白屈菜联系在一起。因为这种植物在春天长大，这也是燕子飞回来的时间，并且它们会在燕子飞走时死亡。白屈菜几个世纪以来一直被用作治疗皮肤病。

在鸟类中——戴胜和夜莺

无法想象没有夜莺歌唱会的五月会是什么样。在五月，还会有格外勇敢的小戴胜出生。

知识小贴士

戴胜的名字来源于成年戴胜鸣叫时的回响“呜嘟嘟嘟，呜嘟嘟嘟”。戴胜雏鸟的鸣叫声听起来像“希（sit）”，当它们遭遇危险时会发出“威（wij）”的叫声。

英勇的戴胜

当我们在春日徒步旅行，到达古老而明亮的落叶林，看到附近有田野或长着树洞的树木，并且还闻到难闻的气味时，可能就意味着附近有戴胜的巢穴。这种鸟最喜欢在腐烂的柳树上打洞。刚孵出的戴胜雏鸟在攻击时，能够从鸟洞中用自己的尾脂腺向入侵者喷射出深棕色的、带有刺鼻麝香气味的液体。它们还能从一定距离用这种定向喷射来“招待”我们。它们的液体状排泄物甚至能够向前射出50厘米远！年幼的戴胜常常能用这种“嘶嘶”响的喷射攻击，有效地让树洞附近的捕食者徒劳而归。

巢边的夜莺

欧歌鸲

神秘的歌唱大师

夜莺和欧歌鸲的外形和歌唱都非常相似，具有迷惑性。这两种鸟类都非常隐秘地生活。它们将自己隐藏在花园和公园的灌木丛中，人们很难注意到这些小心谨慎的鸟类，但是倾听它们歌唱又是一种极大的快乐。这并不难，因为欧歌鸲的歌唱很嘹亮，音调多变而且容易辨认。在五、六月份，欧歌鸲的雏鸟来到了世界上。辛勤的父母们用昆虫喂养自己的孩子，从地上或飞行时在空中抓来甲虫。在吞咽食物前，欧歌鸲一般会将它们投掷到地面上杀死。

欧歌鸲

知识小贴士：

因为喜爱欧歌鸲的歌声，波兰人创设了一项特殊的奖项——在今天已经很少被用到的名字——欧歌鸲奖。这个名字来自十六世纪一个杰出的姓氏Bekfark，他是齐格蒙特·奥古斯特二世国王宫廷中杰出的鲁特琴大师。

鲁特琴

六月的气象报告

六月最高气温为零上36.9℃，据记载出现在2000年6月22日的库勒，最低气温为零下3.4℃，出现在1951年6月9日的伦堡。最大一昼夜降水量达到300毫米，发生在1973年6月30日的塔特拉山脉的履带牧场和康德牧场。夏日里最高降雪覆盖量达160厘米，发生于1955年6月30日的卡斯普罗维峰。最低相对湿度为14%，确切发生于1983年6月24日的波兹南，相对湿度17%，发生在1983年6月23日的库勒。六月的最强风力记载于1979年6月14日，出现在华沙，风速达145千米每小时。在波兰，最长的白昼降临于6月21日；在鹰山，白昼时长达到17小时20分钟！

月份、昆虫和植物的名称

这个月的波兰语名称来自于一种昆虫——波兰的胭脂虫，因为在这个时期，胭脂虫的幼虫被收集起来，从中提取名为“胭脂红”的红色色素并用于工业领域。因此，“红色”的名称也来自于六月的幼虫。

“红色”的名称也来自“六月”这个词

六月谚语

六月，梨花落下樱花熟。

六月，太阳西沉隆隆响，鱼儿繁殖旺。

六月里刮北风，丰收将来到。

当六月寒冷、河水耗尽，整年气候乱糟糟。

六月变得炎热时，大镰刀已经在草地飞舞，嗡嗡作响。

最短的夜

夏天从这个月就开始了，而从6月23日到24日的这个夜晚，则是欧洲有名的“圣约翰之夜”，这是一年中最短的一夜。传说这是四叶草绽放的日子，水流能够吸收特别的能量，给世间万物增添特殊的美丽与魅力。在这不同寻常的夜晚，就如流传到今天的传统那样，要参加河边放花环的仪式。过去人们曾说，在圣约翰之夜，水也会绽放出花儿。

什么会在六月绽放？

六月间，许多灌木丛都会争相开花，比如卫茅、药鼠李、鼠李、淡黑接骨木、欧洲红瑞木。在树木之中，黑松也开了花。就在杜松树林里，也能够看到许多细小的、不显眼的小花儿。河边湿气重重的草丛中——我们称之为草甸——啤酒花、欧白英的藤蔓也开始生长蔓延。同时在针叶林里，鹿蹄草和松下兰也开了花。

头巾百合

六月会盛开一种名为头巾百合的花，它有着粉红色的美丽花瓣，上面有颜色较花瓣更深的斑点。在傍晚与夜间，它们会散发出强烈的香味，诱惑飞蛾前来进行授粉。头巾百合在一些国家是受法律保护的花卉，同时也是一种药用植物。

有小孔的金丝桃

这个时节在草地上、林间空地中央也会盛开金丝桃。金丝桃有四种颜色：粉色、红色、金色与绿色，过去常被人们用于染色。几个世纪以前，金丝桃在波兰被称为圣约翰草，被人们当作与邪恶斗争时的有力武器。传说中，被激怒的魔鬼想要毁灭这种植物，便撕碎了它的叶片。因此，这种植物的叶子在阳光下看上去会有小小的孔洞。

潮湿的草地

在六月的潮湿草地上，旋果蚊子草的花朵逐渐变白；而在潮湿的灌木丛与泥炭沼泽里，兰花会让我们大饱眼福：紫点红门兰、宽叶红门兰、斑点兰、火烧兰，以及潮湿草地上的齿缘红门兰。在潮湿的地方，我们能看到白色的毛绒绒的羊胡子草；而只有观察入微的追踪者，才能看到一种食虫植物——茅膏菜所开放的第一朵花。

知识小贴士

在六月，黑杨的种子成熟了，从上面会飞散出丰富的绒毛。对过敏性体质的人来说，这会是一段艰难的日子！

河边

如果我们放松自己，到河边去进行一场远足旅行，我们就能有许多的机会去欣赏那里的开花植物，其中特别茂盛的有欧洲慈姑、泽泻、黑三棱。

六月

山区

在山峦的岩石上，高山紫菀、金莲花、仙女木开出了美丽的花朵，释放出自己的魅力来吸引人们的目光。在欧洲一些山区以及更高的森林边界上，生长着茂盛的欧洲山松，形成了山间松树林。

开放的欧洲山松

高山紫菀

仙女木

鸡油菌

第一批蘑菇

六月的森林是蘑菇爱好者的乐园，因为第一批波兰牛肝菌、褐疣柄牛肝菌和鸡油菌都相继出现了。其中，鸡油菌是重要的食用菌。

六月的昆虫

雄性萤火虫

雌性萤火虫

在六月的夜晚，萤火虫会闪烁美丽的光亮。它是夜间一种常见的会发光的小虫子。在森林的边缘，在一丛丛的植株、灌木，甚至公园里，都能看见它们的影子。雄性萤火虫腹部的器官与雌性的是一样的。雄性萤火虫拍打着翅膀、寻找自己没有翅膀的伴侣，而雌性萤火虫则安静地坐在植物中，用自己的光亮诱惑、吸引雄性萤火虫。萤火虫发出的光是化学反应的效果，它们可以在“开灯”和“关灯”之间自如切换。

六月正是甲虫进行交尾交配的季节

毕斯兹扎迪山

柳兰的花期是四月到六月

田间蟋蟀

在这段时间，田野中的雄性蟋蟀用极其响亮的“鸣叫”来向心仪的对象发出求爱的信号，在5秒钟内它们可以发出多达10次叫声！它们的歌声能够吸引雌性蟋蟀到来，同时也能警告、威慑潜在的对手。然而这时候，在歌声中头晕眼花的雌性蟋蟀并不能准确地找到“歌手”所在的位置，于是它们使用自身的“GPS”，也就是它们身体下部生长的传感器，在地面上接收震动信息，根据这些指示迅速地向“歌手”所在的地方移动。

田间蟋蟀

六月

蓝丽天牛

蓝丽天牛

在六月里，若是我们有机会漫步在欧洲一些山区的小路上，凭借一点小运气，我们也许就能在被砍断的山毛榉上看见一只天蓝色的甲虫——这是最漂亮又最罕见的甲虫之一——蓝丽天牛。它是欧洲自然保护区网络——NATURA 2000的优先保护品种。

两栖动物

六月，青蛙结束了繁殖期，并安置好了卵。第一批蝌蚪也出现了。山溪铃蟾开始进入产卵期，而火蜥蜴的小宝宝（50~100只）已经来到了世界上！

山溪铃蟾

有趣的是，大部分品种的青蛙并不会饮水，它们是在洗澡的时候，通过皮肤来吸收维持机体运行的必要水分

火蜥蜴

知识小贴士

两栖动物的视力不佳，它们很难看清两米之外的东西。少数两栖类动物会利用自己的眼睛来帮助吞咽食物，它们的眼睛能够退回到头骨的深处，有效地将猎物推到喉咙之中。

紫翅椋鸟给幼鸟喂食

鸟类

这一时期，大部分的鸟类开始筑巢并养育后代了。一部分鸟类结束了繁殖期，年轻的后代也搬出了鸟巢，另一部分鸟类甚至在继续繁衍第二批后代了。

赭红尾鸲给幼鸟喂食

家庭生活

在这时，欧金翅雀、柳莺、欧歌鸲、赭红尾鸲、旋木雀、楼燕、麻雀都在忙着给自己的幼鸟喂食；大部分猎鸟会在这个时候出来寻找自己感兴趣的幼鸟，比如山鹑和野鸡。幼鸟的父母们这时会很努力地工作，给幼鸟们捕来昆虫或是其他小动物，来满足它们永远合不上的嘴。

欧金翅雀

六月的长脚秧鸡才刚刚开始孵化蛋

知识小贴士

六月间，椋鸟和鹀等雀类开始孵化第二批幼鸟。

鹀给幼鸟喂食

凤头麦鸡和幼鸟

鸟巢旁边的乌鸫

凤头䴙䴘

六月的水边，我们或许会看见骑在母亲或是父亲背部羽毛上的幼年凤头䴙䴘。有趣的是，父母在把鱼送到幼鸟口中时，还会喂给它们一些自己的羽毛。这份饮食的补充剂能够在幼鸟胃里形成一层柔和的保护层，防止其吃下的鱼骨对胃造成损伤。

雌性刺猬与幼年刺猬

雌性土拨鼠与幼年土拨鼠

六月

臆羚与幼年臆羚

哺乳动物

这个月会有土拨鼠、岩羚羊以及刺猬的幼儿出生。有趣的是，在出生的时候，小刺猬仅有表面的皮肤。随着长大才会在身体外部出现小刺，小刺猬约有100根刺。

河狸屋

在美国的杰斐逊河边，河狸建起的这座堤坝，几乎是世界上最长的天然堤坝。它有700米长，能够承受人骑着马在上面走动的重量

特征明显的河狸尾巴

河狸的咬痕

知识小贴士

从11世纪波列斯瓦夫一世时期起，河狸在波兰就已经受到保护了。波列斯瓦夫一世下令禁止狩猎河狸，还成立了河狸管理局来保护河狸。以后历代国王沿袭了保护河狸的规定，把河狸看作是皇室财产，始终关注并保护着它们。

河狸——堤坝建筑师

清晨，在被森林环绕的小河附近，我们很可能会看到河狸——堤坝建筑大师。河狸们用倒塌的树干、树枝、水生植物、稀泥在河上建造堤坝将河流隔开，以便建造一个死水区。它们在这些死水区建立自己的家园，也就是河狸屋。河狸屋为圆拱形，帐篷般大小，是建在水表面上的可居住的一片地方，并且在水下有入水管道。由于河狸有着锋利的牙齿，它们能够在15分钟内咬断一棵直径半米的树！

自然界的侦探

如何辨别树的树龄？唾余是什么？如何分清猫头鹰种类间的区别？只有真正的自然侦探才能回答这些问题。他们知道只有在实践中才能探寻到真知，因为没有什么可以取代实践的经验。所以，自然界的侦探们，让我们一起走进森林吧！

仓鸮的唾余有4~8厘米长，在阁楼、废墟之中最为常见。它的唾余是黑色、环形、闪着光的，里面有许多啮齿动物的头骨

这种鸟类吃什么？

想要了解捕食型鸟类的菜单，只要找到并检查它们的唾余就够了。唾余就是消化器官没有消化的食物残渣，里面有它吞下的动物的躯体残余。以此为根据，就能够列出这些鸟类的食谱。夜间捕食的鸟类的唾余更容易辨别鉴定，因为其中包含更多的骨头。当你发现唾余时，应准确地描述它所处的位置、外表的形状与大小。为了更好地完成测试，最好将收集到的唾余浸在装有温水的容器中，使它变软，接着用小镊子或针将它分成小碎块。

穴小鸮的唾余只有2~5厘米长，最常被随意弃置在房屋、果园或是灌木丛的周围。唾余的一端是圆形的，另一端则是狭长的。穴小鸮的唾余很脆弱，其中包含了很多昆虫的尸体，在夏天尤其的多

穴小鸮

仓鸮

长耳鸮的唾余通常在森林中的树底下。它们有4~7厘米长，呈圆柱形，颜色呈浅灰色，其中包含较完整的啮齿动物的头骨

长耳鸮

纹路数量能够反映树龄

雕鸮

树龄

如果你想知道被砍断的树的年龄，只要数一数树身同心圆的数量就可以了，也就是横截面上的纹路，一条纹路就是树龄增加一年的记录。专家认为，生长在开阔空间的落叶林平均每年能扩大树干周长（也就是胸径）2.5厘米，长高130厘米，而针叶林木可以生长得更快！

花头鸺——现存猫头鹰中最稀少，也最罕见的品种

灰林鸮

猫头鹰是怎样的动物？

如果我们打算在晚上进行自然观察，那我们就有很多机会能够看到猫头鹰——一种夜间捕猎的动物。在有高大树木的森林中，或是在建筑物的附近，我们能听到一种特殊的叫声："嘟——威特"或是"嘟——呼呼"，毫无疑问，我们所听见的就是灰林鸮的叫声了。如果在阁楼我们看到有着明亮羽毛的"白色女王"，紧张地发出类似于吹口哨或是打呼噜的叫声，那我们所见到的就是仓鸮。在夜晚，如果我们足够警觉并有洞察力，可能会观察到一个约70厘米的雄伟轮廓，它的耳朵上长着特殊的蓬松羽毛，那么我们可以确定，这就是猫头鹰之中身型最大纪录的保持者——雕鸮。这是十分罕见的品种，通常生活在古老的森林之中。

七月天气纪录

七月最高的气温是40.2℃，发生在1921年的7月29日，在奥波莱附近的小城普鲁什库夫；而最低的气温则是0.7℃，发生在1962年7月5日的扎科帕内。当月降水量最高纪录发生在1980年7月的五湖谷，高达806毫米；2001年7月在哈拉哥谢尼楚山区降水量也高达到743毫米。7月降水丰富，比如1934年的塔尔努夫降水374毫米，1903年在克拉科夫降水313毫米。夏天最厚的积雪层厚达10厘米，发生在1943年7月10日的卡斯普罗维峰。相对湿度最低的日子是1992年7月9日的奥尔什丁，仅有13%。最冷的夏天出现在1992年、1994年、2002年、2003年及2006年。

椴树飘香的七月

这个月份在古波兰语中也叫椴月，名字来源于椴树。椴树会开出丰富得令人赞叹、芳香不绝的花朵。椴树的花会吸引来一大群蜜蜂或者其他昆虫。这是一年中最温暖的一个月，通常都是阳光普照的高温天气，不过也会突然下起雷阵雨，大雨之后太阳又会迅速地出来。大量的降水让空气湿度增加，能促进植物迅速生长。

古代养蜂业

现代养蜂业承袭于古代养蜂业。在野生森林里，蜜蜂被养在蜂洞中，也就是树干上的一些小洞里。养蜂人通过绑在树木上的绳索行走，收集蜂蜜。考古学的发现证明了养蜂业在波兰已有1 000多年的历史，加尔·阿努尼姆，波兰第一位编年史记录人就曾写道：在当时的波兰土地上有着“丰盛至极的蜂蜜”。养蜂业在中世纪得到了快速发展，并成了当时的重要经济支柱。当时国王赐予养蜂人的种种优惠政策，就是养蜂业鼎盛时期的证明。随着农业的发展及森林的减少，养蜂业也受到了影响，开始一步步走向消亡。

养蜂业的复兴

目前，养蜂在波兰的一些地区复兴了起来。包括比亚沃维耶扎国家公园和别布扎国家公园，这些地区的树木给养蜂提供了优质的森林蜂蜜，这里生产的蜂蜜中蜜露含量很高。为了传播养蜂文化，增加收益，人们为养蜂人和蜜蜂修建了专门的养蜂通道。

七月谚语

七月若是下起了雨，
在冬天就会刮起风。
当蜘蛛在七月天到来，
就是将会下雨的征兆；
当它们突然破坏蛛网，
就是暴风雨来临的征兆。
七月热气腾腾，
九月心旷神怡。
当酷热再度向七月袭来，
蜜蜂开始收集椴树的花蜜。
七月这个季节，
是抓螃蟹和泥鳅的好时节。

桦树——森林之母

七月是桦树种子发芽的时节。桦树在波兰被称为森林之母，它的种子非常的轻，1000颗桦树果实仅仅重0.12克。这也使它们很容易随着风、水流、动物而移动到很远的距离，到达难以到达的地方。桦树是一种先锋物种，它能够生长在其他植物无法生长的地方，比如贫瘠、干燥或是受强烈光照的土地上。它细小而广布的根部，为那些对环境要求较高的植物提供了良好的生存条件，令这些物种也能在这块土地上生长，最终形成一片森林。

七月

植物中的夏天

七月，许多植物都把种子发散出去了，其他的也开出了花。你可以用田野中的野花做出一束美丽的花束。七月也是假期，我们可以到草地或是森林中去郊游，收集野生草莓、蓝莓、树莓和蘑菇。田野上人们开始丰收，果园中李子、梨和苹果最早成熟。

在湖与河流的边沿，芦苇开了花，香蒲也开了花
同时，也能看到长在水边的，有着巨大叶子的浆草

蓝莓

黑莓

水边

这个时候在潮湿的草地上，秦艽、拳参与麦氏草开了花。在泥炭沼泽中，遍布了绽放的茅膏菜、青姬木和蔓越橘。在小水塘中，眼子菜、狐尾藻与加拿大伊乐藻正在开花。在有着辽阔视野的大片水域，则盛开着黄色的萍蓬草和白色的睡莲。

黄色萍蓬草和白色睡莲

树莓

森林深处

七月间，在地被植物中山罗花与粉红色的百里香盛开了，花瓣铺成了一层芬芳扑鼻的地毯。野生草莓、树莓、蓝莓与黑浆果都逐渐成熟。此刻，在石松上可以看到孢子叶穗。在森林的边缘，比较干燥的地方，开放着沙生蜡菊与沙葱。

野草莓

山罗花

橙色牛肝菌

百里香

七月

醋栗

茶藨子

果园与田野

在果园中樱桃、酸樱桃，早熟的李子、梨子以及第一批青苹果都成熟了。茶藨子、醋栗和山莓可以采摘了。在田野上，农产品也到了收获的季节。

李子

野花束

要用田野上的花朵做一束色彩缤纷的花束，最好是在收割之前采摘。因为这时的花朵颜色最为丰富：矢车菊和洋苏草的蔚蓝、牛至和蓝盆花的粉红、毛茛的金黄、水田芥以及匹菊的鲜红！

薄雪火绒草——塔特拉山的象征

七月中旬，塔特拉山会开满薄雪火绒草——这座山的象征之花。在被炎热的天气炙烤之前，在因寒冷或急剧的天气变化而导致的水分下降之前，这种植物的花瓣和枝叶为了保护自己会变得毛绒绒的。但游客随意采摘它“天生的绒毛”还是给它带来了毁灭性的灾难。幸好，它现在得到了严格的保护。

洋苏草

矢车菊

毛茛

匹菊

七月

知识小贴士

谷物是人们种植的粮食作物，是人类与许多动物的基本食物来源。小麦可以加工成用来烘焙白色饼干和小圆面包的面粉，硬质小麦制作的面食中包含大量的蛋白质。在波兰，黑麦提供黑色面粉，用来烘焙黑麦饼干；燕麦用作马和家禽的饲料；大麦作为马、猪等家畜的饲料，也可以作为糙米饭和啤酒产品的原料。

丰收的开始

七月中旬丰收就开始了，最先收割改良型的油菜，其次是黑麦，接下来是小麦。

丰收时通常先收割油菜

开花的荞麦

七月，当其他植物都成熟时，荞麦花才刚刚开放。用这种植物可以做成健康的荞麦饭

菜籽油

飞蛾，夜间活动的蝴蝶

对于观测者来说，夜间飞翔的蝴蝶——飞蛾，已经成了傍晚与深夜里一道靓丽的风景。最容易观察到的是大型飞蛾，比如大戟天蛾、五倍子天蛾与象鹰蛾，也能观察到鳞翅天蛾、鹰眼蛾以及天幕毛虫。

七月

蝴蝶的交尾繁殖

七月，许多鳞翅目昆虫开始交尾繁殖。同时，甲虫与蜻蜓也会抓紧在夏天进行繁殖，以确保物种的繁衍。

日间蝴蝶

在阳关普照的林间空地上，日间活动的蝴蝶正在进行交尾繁殖。许多种蝴蝶用它们美丽的外表吸引着我们，像金凤蝶、孔雀蛱蝶、白钩蛱蝶、钩粉蝶等。也会有许多有毒的蝴蝶和飞蛾在此时活动，比如欧洲松毛虫、松针毒蛾、棕尾毒蛾和柳毒蛾。

六星灯蛾夫妇

蜻蜓

白钩蛱蝶

金凤蝶

夏天的日落

日落是暑假中最美的景色之一。当太阳刚刚露出地平线时，会折射出不同波长的光，并不同程度地被大气吸收，从而呈现出美丽的色彩效果。研究人员计算显示，每6平方厘米的太阳光相当于150万只蜡烛点亮的光。太阳内部的温度约为2 000万℃，而它表面的温度仅为5 500℃！

其他昆虫

七月份是一种名叫云斑鳃金龟的甲虫的交配时间，这种甲虫的波兰语名字“Lipczyk”一词与七月份的波兰语名字“Lipiec”有着紧密联系。五月份有金龟子，六月份有欧洲六月鳃角金龟，七月份有云斑鳃金龟，这些昆虫的波兰语名字都与其交配月份的波兰语单词有着一定联系。葬甲会把腐肉当作自己的美味佳肴。在七月温暖的空气中，你可以在水面上欣赏到五彩缤纷、快速飞行的蜻蜓。

欧洲六月鳃角金龟

六月

七月

鸟类的消声，蝙蝠的新生

七月份，很多鸟已经停止了鸣叫，而那些依然鸣唱的鸟就没有太多的竞争对手了。哺乳动物哺育着它们的幼崽，并准备着秋季的新一轮交配。

知识小贴士

公鹿头上的“装饰物”——鹿角上的冠状物已经发育完全。它们还会摩擦鹿角表面的保护层，为不久后争夺交配权的“战斗”做准备。

换羽期

进入了换羽期，大部分鸟渐渐停止了举行“音乐会”。鸟类换羽与哺乳动物换毛的过程十分相似。鸟在换新羽毛时，常常躲在一些难以被发现的地方，这个地方被称为它们的换羽屋。

欧洲知更鸟

金翅雀

新一轮的繁殖

有一些能够鸣唱的鸟类，如：金翅雀、苍头燕雀、金翼啄木鸟、鹡鸰、蓝山雀、鹪鹩、蓝喉鸲、知更鸟、纽氏梅花雀和燕子会进行新一轮的繁殖。

小山雀

蝙蝠

七月份是蝙蝠幼儿诞生的季节。在七月温暖的晚上，我们很容易观察到在空中飞行的蝙蝠。褐山蝠在夜幕降临前便开始活动。夜晚，在距林间道路不高的上空我们能够看到纳氏鼠耳蝠和须鼠耳蝠——最小的蝙蝠之一。

褐山蝠

黄莺

最后的歌者

金丝雀

对来自南方的金丝雀来说，炎热的天气并不能阻止它们继续鸣唱。花园里回荡着绿篱莺的歌声，它们会不停地重复相同的鸣叫，因此听起来就像滑稽的模仿者。同时也能经常听到鹌鹑和林百灵的声音。黄莺经常将自己的鸟巢建在有一定年龄的果树上，它会在这个时候炫耀自己美丽动听的歌喉，那歌声从很远的地方都能听到。纵纹腹小鸮也会在晚上发出叫声，听起来就像波兰语中的"走吧！"，因此波兰人就用"走吧"一词来命名纵纹腹小鸮。

第一批迁徙的鸟类

金眶鸻、黑背麦鸡、流苏鹬、白腰杓鹬、杜鹃、红脚鹬和普通燕鸥是第一批向温暖国度迁徙的鸟类。

金眶鸻

八月份天气记录

波兰八月最高温度出现于1994年8月1日，38.7℃，发生在斯武比采；而最低温是零下0.1℃，出现于1964年8月23日，发生在什切齐内克。一天之内最大的降雨量出现于2006年8月8日，204.3毫米，发生在亚库希采；最大的暴风雨行进速度出现于1991年8月9日，363.3毫米每小时，发生在塔特拉山的卡斯普罗维峰上。夏季积雪最厚的记录出现于1949年8月21日，25厘米，记录于卡斯普罗维峰。空气相对湿度最低的出现于1992年8月10日，19%，记录于韦巴。一年中晴天最多的城市：托伦55天，霍伊尼采、什切齐内克、姆瓦瓦35天。阴天最多的城市：莱格尼察和科沙林的居民在一年内会遇到约180天的阴天；阴天最少的城市：塔尔诺布热格、桑多梅日和科宁的居民会遇到约140天的阴天。

八月

镰刀

夏季的结束

本月在古波兰语里的名字，就像古波兰语里的“九月”一样，是和自然状况相关的。在收割完庄稼后，“精疲力尽”的大自然需要休息到秋天。同时，人们觉得庄稼的收割应该归功于镰刀，镰刀在很久以前的波兰语里用的是“sierpiono”一词。根据现在的定义，镰刀是用来收割粮食的，于是波兰人以镰刀（sierp）的名称为原型来命名八月（sierpień）。八月已是夏季的结尾了。

八月份的谚语

没有雨的八月，马儿只能站在马槽前挨饿。

如果八月之初被炎热笼罩，冬天就要长时间地穿着花白的羊皮袄。

大雪在八月末就覆盖了山顶，那么秋天就不会有乌云。

如果雾气在八月就缭绕山谷，就预示着秋天将会是晴朗的天气。

八月天晴，葡萄丰收。

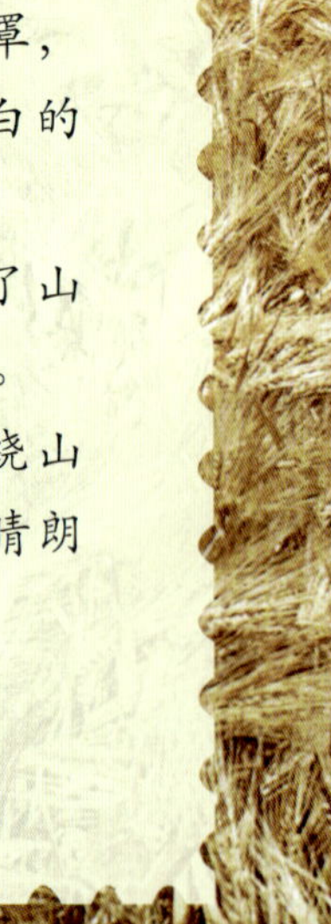

龙胆属植物开花是夏天结束的象征

龙胆开花是夏季结束的象征。八月份，深裂龙胆和淡紫色的秋水仙已在塔特拉山下的草地上盛开，它们就像荷兰番红花在春日盛开一样，有时会被误称为秋日番红花。八月也是无茎刺苞木盛开的季节。三花灯芯草的果实成熟后会变成红色，这也是“红峰”名字的由来。

八月

八月稍晚的时候，花园和果园里长出了种类繁多的樱桃。夏季有各式各样成熟的苹果、梨子和李子，它们的味道、形态都十分诱人

八月

收获的时间

八月份白昼会越来越短，比六月份最长的白昼短了近两个小时。覆盆子、越橘、树莓在这个季节会结出果实。如果遇到雨水增多，越来越多的蘑菇也会从地里冒出来。食肉鸟类会利用收割粮食后田地里留下的庄稼残茬来隐藏自己，然后猎食啮齿动物。果园里的果实也获得了大丰收。

稠李果

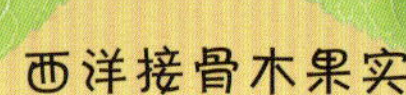

西洋接骨木果实

森林里

花楸、西洋接骨木和红豆杉的果实也成熟了。在森林温暖的日子里，松香会散发出诱人的气味。稠李结出黑色的果子，欧洲荚蒾结出的是红色的果实。欧亚水龙骨也长出众多孢子。

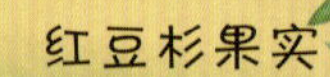

红豆杉果实

欧洲荚蒾的果实

欧亚水龙骨在叶子的背面长出了众多孢子

庄稼残茬

草地上

八月份，草地上再一次长满了绿色的草和色彩斑斓的花，如：白粉色的苜蓿花、蓝色的天竺葵、白色的菊花和小米草。泥炭沼泽也会生长出灯芯草。金黄的鸢尾花会结出大的绿色果实。拂子茅属、曲芒发草等草类植物也会开出花来。

天竺葵

苜蓿花

八月

动物中的事

对于动物们来说，八月是一段宝贵的时期。它们会赶在冬天来临之前，处理好对它们的生活至关重要的一些事情。.

黑鹳也进行迁徙

迁徙前白鹳的小集会

鸟类大规模的迁徙

这些鸟类开始了自己的迁徙之旅：白眉鸭、黑鸢、白头鹞、雀鹰、鹃头蜂鹰、小乌雕、鱼鹰、燕隼、戴胜、蓝胸佛法僧、燕子、鹡鸰、赭红尾鸲、绿篱莺、斑鹟、红尾伯劳、黄鹂、欧歌鸲、雨燕和杜鹃。在八月末的时候，白鹳和黑鹳也开始了它们的长途跋涉。习惯于在水沼环境生存的鸟类，如鸻鹬、凤头麦鸡、燕鸥和一些鸥亚科鸟类也都离开了欧洲中部。

欧洲野牛的交配季

八月份，公牛会加入到复杂的欧洲野牛群体中，在这个群体里有雌性野牛和小牛们。这标志着欧洲大陆最大的哺乳动物群体的繁殖季节就要来了。

很多两栖类动物，如蝌蚪在八月份就停止了进化。幼年的普通欧螈会从水里爬出来

幼年青蛙

学习自立的幼年猞猁

幼年猞猁为自己正式的独立生活做着准备。它们和妈妈一起跋山涉水并学习如何捕猎。猞猁是肉食动物，它们主要捕食的是狍子。一只成年猞猁每个月至少要吃掉四头中等大小的狍子。猞猁的食物还包括鸟和野兔等动物。

成年猞猁教幼崽们捕猎

昆虫中的事

在棕红色的地榆花上能够看到蓝色的胡麻霾灰蝶。这是一种稀有的保护品种，它们的进化需要地榆花和蚂蚁的帮助。在松树上可以看到松鹰蛾和松尺蠖的幼虫。在更高的皮耶尼内山脉的山坡上或是山谷里，稀少但却非常美丽的阿波罗绢蝶所形成的景色也十分吸引人们的眼球。

阿波罗绢蝶

松鹰蛾的幼虫

海洋植物标本

当我们在海边度假的时候，可以用海生藻类做一些非同寻常的植物标本。藻类能够很好地储存，所以能够用来制作成装饰品。

墨角藻

我们要收集什么？

在选择制作标本的海藻时，我们应该选择薄的、漂浮在水面上的藻类，比如绿藻、褐藻（如墨角藻）和红藻。把它们保存在装满海水的玻璃瓶里带回家。

奥尔沃沃（波兰靠近波罗的海的一个海岛）

第一步：展开藻类

首先把一块玻璃板或塑料板放到一个装满淡水的托盘里，接着在板子上放置一张纸，用镊子把藻类放到纸上并慢慢地滤出托盘里的水。

第二步：风干

把水滤净后，再把放有藻类的纸张放到报纸上晾干，并经常更换报纸。也可以用一次性的薄纸巾来代替报纸。藻类在风干后会粘在纸张上。如果藻类没能粘在纸上，那么在所有风干步骤完成后就要用少量胶水把海藻粘到纸上。

第三步：制作海藻标本册

制作标本册时一定要记录下收集海藻的地点和日期。在接下来待在海边的日子里，收集制作有特色的海藻标本会是一个不错的选择。这样就可以制作出一册收集有不同海域海藻的标本册。

九月

秋天的开始——蜘蛛网的出现

九月在古波兰语里用的是“wrzosień”，这个词与帚石楠（wrzos）在这个季节开花有关。九月是秋天的第一个月，波兰的九月阳关明媚且温度宜人，但夜晚会转凉。在九月下旬的时候清晨开始出现霜冻现象，太阳也变得越来越接近水平面。

九月份天气记录

波兰九月份最高温度是34.7℃，出现于1975年9月18日的皮瓦；而最低温度是零下6℃，出现于1977年9月28日的什切齐内克。一天内最大降雨量是98.9毫米，出现于1992年9月6日的奥尔什丁；而15分钟内最大降水量是79.8毫米，出现于1966年9月13日的奥佐尔库夫。一年中晨露出现最多的地区是莱什诺，绿山城、苏瓦乌基和埃乌克较少。一年中冰雹出现最多的地区是韦巴，什切青、斯乌比采、苏瓦乌基和塔尔努夫较少。

知识小贴士

蜘蛛丝是世界上弹力最好的材料之一。它的韧度也非常好，能够在不被扯断的情况下增加40%的长度，并且能够抓住以30千米/小时的速度飞行的蜜蜂。它的硬度比相同厚度的钢丝强三倍。

秋分

9月23日左右是秋分。在秋分这一天，白天和夜晚平分二十四个小时。从这一天开始一直到春天，黑夜都比白天长。

蜘蛛网

大量蜘蛛网的出现是九月份最大的一个特点。蜘蛛网是小蜘蛛们的杰作。每张网都是小蜘蛛们辛勤地编织、旋转自己的蛛丝而制成的，它们还能凭借一阵微风把蛛丝带到更远的地方形成一张更大的网。因此树木和灌木丛时常因为它们的蛛丝而披上白色的外衣。

盛开的帚石楠

九月的谚语

九月比露水稍晚一些到来，我们可以在帚石楠花丛中采摘蘑菇。

如果九月频繁出现暴雨，预示着来年粮食的大丰收。

如果在九月鸟儿们都是十分圆润肥美的，那么在冬天将会迎来严寒。

如果鼹鼠在九月已经挖好洞穴，预示着将会有大风来临，但冬天时风力将会减弱。

如果在九月没有下雨，那么冬天时寒风将无处不在。

采摘蘑菇

九月是蘑菇遍地的季节。但是请大家一定要记住，我们只能采摘确认安全的、可食用的蘑菇！

鸡油菌

到树林里寻找蘑菇吧！

秋天的森林里长满了蘑菇。对大多数人来说，到森林里采蘑菇是一件再高兴不过的事了，这是人们期待了一整年的事。但我们只能采摘那些可食用的、被广泛认可的、嫩的、干净的、没有腐坏的蘑菇。要想一些办法（比如转一下或剪一剪子），把它们从土里采摘出来，并且不伤它们的根。采下的蘑菇最好放在篮子或者透风镂空的容器里，以防止它们在运输过程中相互挤压而腐坏。

菌盖下方呈泡沫状和片状的蘑菇可食用

采摘菌盖下方呈泡沫状的蘑菇是最安全的，如：美味牛肝菌、红绒盖牛肝菌和疣柄牛肝菌，因为在波兰的气候中生长的牛肝菌没有致命的有毒物质。在可食用的担子菌中，鸡油菌和高大环柄菇非常有名。但需要特别注意的是，不要把它们和有毒的死帽菇弄混了。红菇和油口蘑也很容易与有毒的蘑菇品种混淆，采摘时我们应请经验丰富的蘑菇采摘者协助。

知识小贴士

任何野生蘑菇都不能生吃。牛肝菌如果生吃会引起消化不良，但是用水煮熟或是炒过之后食用，对人体就不会产生危害了。

高大环柄菇

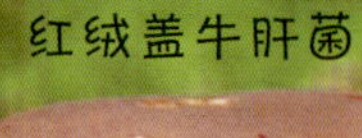

美味牛肝菌

九月

有毒的和不可食用的蘑菇

有很多真菌是不适合采摘的，因为它们含有有毒物质或者能够引起食物中毒。这些蘑菇包括一些捕蝇蕈属、盔孢伞属、杯伞属、环柄菇属和许多其他种类的真菌。我们可以尽情欣赏这些毒蘑菇的美貌，但是就让它们待在森林里吧——那里才是它们的家。

毒蝇鹅膏菌

杯伞

致命毒物

鬼笔鹅膏和鳞柄白毒伞是两种危险的蘑菇。误食这两类蘑菇会致人中毒死亡。它们长相朴素，在森林里很常见。虽然看起来不像是毒蘑菇，但当你在森林里看到了这两种蘑菇时，一定不要去触碰它们，就让它们在自己的环境里好好生长，因为它们还是一些动物(比如：蜗牛）的食物。因此，尽管鳞柄白毒伞和鬼笔鹅膏对人类是致命的，也请大家不要去破坏它们。

越橘

结果的季节

九月是果子成熟的月份。这个时候，小檗属植物、玫瑰、欧洲花楸、接骨木、荚蒾、红豆杉的果子都会成熟，颜色迷人。橡树果实、带角的山毛榉坚果和长着绿色带刺外壳的大栗子从树上掉落下来，槭树、梧桐树和椴树的翅果也被风带走了。九月，大部分田地已经收获耕种过了，空气里弥漫着秋天的味道——火堆上烤土豆的味道。

马栗

五颜六色的果实

在秋天散步的时候，大量外壳呈粉红色、内有亮橙色外皮种子的卫矛树果实总是能够吸引我们的视线。越橘和树莓生长在森林里，蔓越橘生长在潮湿的地方。美味的榛子成熟后会从榛子树上掉落下来。针叶树上的松果会蜕掉外壳，这是为了让带翼的种子（翅果）离开母体。

榛子

卫矛树果

在果园里，大量的李子、梨、苹果和核桃都成熟了

水青冈坚果

爬山虎

白蜡树的叶子

火炬树的叶子

秋叶

九月下旬，大自然成了一个巨大的调色盘。原本绿色的叶子被装点成了金色、橙色、红色、紫色和棕色。应该知道的是，白蜡树叶子变黄是预示秋天来临的第一个信息！通常生长在花园或是公园里的火炬树叶子，重新换上了美丽的颜色。覆盖在房子墙上的紫红色爬山虎也成了美丽的点缀。

开花的常春藤

丰收节

丰收节，即庆祝庄稼收获的节日，波兰人总是在庄稼丰收之后庆祝。过去，人们会拿着用谷物的穗编织而成的花环来到街上游行，他们一边歌唱一边向庄园走去，并把手中的花环献给土地的主人。土地的主人会在庄园里举办十分隆重的庆祝活动，以酬谢为他辛勤工作的农夫们。如今，人们仍然会在庄稼丰收后举行庆祝活动。

丰收节的花环

常春藤才刚刚开花！

在九月，耐阴的常春藤在树上向上攀爬生长到差不多可以接触阳光的地方，接着便开始长出一朵朵小花。常春藤的花朵长着一层厚厚的保护层。

让鸟儿远飞

九月，凤头鸊鷉、红鸢、长脚秧鸡、云雀、鹨、蓝胸佛法僧、隼、乌灰鹞和欧亚鸲纷纷离开了波兰。有时候，人类的一些行为虽出于好意，但这些对大自然不必要的干涉却打破了鸟类的生存法则。

白尾鹞

迁徙的天鹅

只允许在最寒冷的天气喂食动物

从几十年前开始，全年都停留在中欧的疣鼻天鹅数量持续增加。天鹅迁徙本能的退化，主要是由于人们从春天到秋天的人工投喂所致。即使是在食物充沛，天鹅们能够自行觅食的时候，人们依然进行着投喂行为。由于享受了被喂食的无忧无虑，这使得一些天鹅变得懒惰，不愿意再迁徙。遗憾的是，这也造成它们常常在冰冷的水里死去。

不再迁徙的被人们投喂着的天鹅

蚂蚁和鸟

蚂蚁会帮助鸟类梳理羽毛。鸟类可以利用蚂蚁在帮它们梳理羽毛时留下的分泌物来对付寄生虫，因为蚁酸是杀死这些不速之客的好工具。一些鸟类会站在蚁穴上张开翅膀，以便勤劳的蚂蚁们排放分泌物。乌鸦和喜鹊还会直接把蚂蚁衔在嘴上擦拭翅膀，来摆脱让它们烦恼的寄生虫。

九月

迁徙的紫翅椋鸟

紫翅椋鸟

紫翅椋鸟的小型会议

到了九月中旬，就能够在夜晚时分看到紫翅椋鸟们的“小型会议”。它们会各自从很远的地方飞来，在飞往过冬的温暖国度之前举行集会。它们聚集在一起的时候会发出一些别样的声音。当一切都停止下来，所有的喧闹都消失殆尽，只有一些十分“健谈”的鸟能够将它们的“谈话”持续到天明。

欧亚松鸦

乌鸦

雄性欧洲深山锹形虫——有着保护壳的、美丽的甲虫类动物——它们为了争夺配偶会用像鹿角一样的颌互相摩擦打斗，这种行为与鹿十分相似

昆虫们准备着过冬

昆虫幼虫被捕食的境遇在九月份就基本结束了。甲虫和蝴蝶的成虫总是在冬天化蛹。一些昆虫的幼虫会将自己包裹在一个茧里，像蛹一样在树上过冬。其他的昆虫，比如蚜虫，会用在急流中的产卵方式让后代安稳地过冬。

红天蛾的蛹

松鼠在这个时候收集储备过冬的食物

九月

土拨鼠为了过冬开始长膘

马鹿的咆哮

九月中旬是马鹿的交配季节，雄性马鹿开始咆哮。每个夜晚雄性马鹿会大声地向竞争对手嘶叫，以此来挑衅对手和自己打架。当它们找到雌性伴侣时，就会骄傲地带伴侣穿过森林。

声音之战

马鹿的声音器官在交配季节会迅速变大，这使得它们的叫声也变得格外响亮。雄性马鹿会用这样的叫声开一场“个人演唱会”，演唱能持续一小时之久，不过这会耗费它很多精力。声音最响亮的雄性马鹿甚至可以在一分钟之内发出5次咆哮！对雄性马鹿来说，谁叫得更久、更响亮，就意味着它比竞争对手更厉害、更有力。而当不能用歌唱比赛分出胜负时，雄性马鹿就要用鹿角击败对手以分出输赢了。

驼鹿的交配季节

在这个时期，驼鹿的交配季节也到来了。它们通常30只左右聚集在一起，形成一个群体。雄性驼鹿用低沉而嘹亮的叫声向雌性驼鹿求爱，并展示它们最引以为豪的骄傲——硕大的棕色鹿角。鹿角是它们竞争输赢的决定性因素。

吵闹的雌性驼鹿

在这个时候，雌性驼鹿也表现得十分有攻击性，并且和雄性驼鹿一样吵闹。它们用鼻腔发出响声，那声音听起来像在哭泣。声音大到3公里以外也能听到，它们以此来吸引雄性驼鹿。

当雄性驼鹿选好自己的伴侣时，它们也必须接受雌性驼鹿带在身边的小驼鹿，这些小驼鹿是雌性驼鹿与之前的伴侣生下的。

十月

十月的天气记录

在波兰，十月的最高气温为28.7℃，这一纪录出现在1966年10月14日的戈茹夫；最低的气温则是零下14.2℃，这一纪录出现在1956年10月31日的苏瓦乌基。一年中雾气最多的地方在斯武比采和莱什诺地区，这里一年里320天都有雾；而最少的则在苏瓦乌基地区，这里一年240天有雾。雾持续最长的记录出现在苏台德山区的斯涅兹卡地区——144小时持续不断地有雾。最冷的秋天出现在：1972年，1977年，1978年和1992年；最温暖的秋天出现在1975年，1982年，1983年，1989年，2000年，2005年和2006年。

谷草和麦茬

这个月的波兰语名字来源于“谷草”。谷草就是亚麻收割以后的剩余部分。在古波兰语里，“谷草”指的是收获后留下的麦茬。虽然十月仍有很多阳光明媚的日子，但天气已经开始转凉了。天气渐渐变得寒冷，有时候甚至会下雪。

十月的谚语

有什么样的三月就有什么样的十月，不止一位老人有过这样的经历。

十月，从丰收的粮食里留下了麦茬。

十月里，如果树叶掉落得不多，就预示着春天将会迟到。

十月时如果刮风起雾，那么在来年一月就会有明媚的阳光。

十月时如果寒鸦成群出现，那么不久将会细雨蒙蒙。

麦茬

谷草

秋播作物的新绿

田野渐渐地变得空旷，只有那些秋天刚刚播下的作物为大地穿上了一片新绿。这个时候最常来光顾这里的“客人”是不招人喜欢的乌鸦、秃鼻乌鸦、欧椋鸟和寒鸦。

寒鸦

秃鼻乌鸦

山毛榉变成红色，为山区增添了一份秋季特有的美丽

十月

秋天的色彩

秋天最主要的色彩是褐色、棕色和红色。让树叶颜色产生变化的原因，除了越来越短的白天、逐渐减少的阳光，还有高强度的降雨量。如果长时间处于高气压下，树叶的红色会变得格外艳丽。在铺满树叶的沙沙作响的彩色地毯上散步，会让所有的人都感到愉悦，而不仅仅是年轻人。落叶那特殊的气味也是秋天独一无二的特征。

秋天的花束

如果想要保存下彩色的树叶，让它们尽可能久地装饰我们的房子，那么就需要采摘几枝小的树枝，上面有色彩美丽且形状完好的树叶，比如：枫树、山毛榉、山茱萸、白蜡木、七叶树的叶子。最好不要摘已经开始落叶的树枝。在收集好了树枝上的树叶后，应该把它们放在报纸或者旧的日历卡片里，然后用厚厚的书把它们夹住。用来包裹的报纸应隔几天更换一次。两周后，就可以把这些已经干了的树叶扎成一束，放到没有水的花瓶里。

松果成熟了，落叶松的刺开始掉落

在我们所认识的松柏科植物里，只有成熟了的杉木松果是向上生长的。云杉的松果也开始成熟了。

落叶松慢慢变黄，刺开始掉落。在松柏科植物里，落叶松是唯一在冬天会落叶的植物。

菊花和翠菊

在自家的花园中，菊花和翠菊开得正盛。此时开放的还有雏菊、西洋蓍草和常春藤。

准备过冬

所有的动物都开始为准备过冬而忙碌。田鼠们跑到建筑物和干草堆里躲起来；睡鼠进入冬眠；蝙蝠躲进过冬的巢穴里，它们储存了一层油脂，以备度过漫长的困难时期，这些油脂让它们的身体变大了将近40%。松鼠储存坚果、橡子、种子和水果来过冬。

有洁癖的獾

獾非常努力地觅食，以囤积皮肤下的脂肪。霜降的时候，它们在洞穴里睡觉。冬眠不是持续不断的，在温暖的日子里，它们会醒来并外出，来解决饥渴问题。在冬眠的过程中，獾会失去7千克左右的体重。这种动物非常重视自己的洞穴，它们小心翼翼地用苔藓和蕨类植物的叶子搭建自己的卧室。在干燥的早晨，它们会把自己的“床单”放到太阳下通风。它们不会把排泄物留在自己的洞穴里，而是送到洞穴附近的小坑，那里是它们的“公共厕所”。

三文鱼、鳟鱼和鲑鱼开始了它们的产卵期

狼群

幼狼的牙齿开始生长。年轻的狼加入到狼家族中，形成狼群。到了冬天，狼群会在一起猎食。

最迟飞走的鸟

灰鹡鸟、山鹡鸟、欧椋鸟、田鸫是最后飞往温暖地带的鸟。离开波兰的鸟类中，肉食类的鸟有黑鹰、茶隼鸟、陆鹞，水上的鸟类有白鹭、蜂鸟、疣鼻天鹅、流苏鹬、鹤、丘鹬、鹏鹏。当天鹅群以V字队形开始它们的旅程时，我们能听见从天空中传来的“咯吱咯吱”的叫声。

十一月

十一月的天气记录

波兰十一月的历史最高温是23.1℃，这一记录出现在2008年11月5日的别尔斯科-比亚瓦；历史最低温则是零下25.4℃，这一记录出现在1965年11月18日的扎莫希奇。最强风的记录在1964年11月25日的格但斯克，风力达162千米每小时。空气相对湿度指数最低记录为15%，这一记录出现在1982年11月13日的莱斯克。平均相对湿度指数最低记录则出现在奥波莱、瓦多维采、斯武比采和葛尔若地区，为78%，而最高的为84%，在弗瓦迪斯瓦沃地区。在山区，平均相对湿度指数最高为67%，出现在苏台德山区的斯涅兹卡地区。

落叶的季节

十一月是秋天的最后一个月，这个月的波兰语名字来自于落叶。角树和橡树的枯叶被阵阵秋风吹落，树叶落在树下，陪伴着树度过整个严冬。十一月的色调是灰色的，乌云密布，阴雨绵绵，冷风瑟瑟。在这个月，山区里常常有了冬天的景象，特别是当雪层从山顶向四周扩大时，一切都显得格外寒冷。

橡树的枯叶通常会留在树干上，一整个冬天都不落下来

十一月的谚语

十一月中旬如果下雨，就预示着来年一月有强烈的霜冻。

金色的十一月写了许许多多的信，然后寄给自己，不是给任何别的人，因为它对谁都没有请求。

十一月女人们织着毛衣，每逢节日和周末就会有人举行婚礼。

十一月的雷声预示着田地和果园的丰收。

十一月不是“纯洁”的月份，因为路上到处都有泥泞。

十一月刺猬进入了冬眠

十一月

在欧洲，南瓜是一种不同寻常的植物。它是皇家植物中被种植最多的，因为它结出的果实是最大的。世界历史上培育出的最大的南瓜重约820千克，相当于一辆轿车

圣休伯特日、圣安德鲁日和南瓜节

在波兰，十一月有圣休伯特日，圣休伯特是猎人们的守护神。那个时候将会举办追赶狐狸的活动，这个活动被称为“休伯特斯”。十一月还有圣安德鲁日，这个节日会持续几个晚上，这是在“安德鲁”这一名字的命名日之前。单身女生们通过滴蜡烛的方式为自己占卜未来。不久前，波兰传统的亡人节引入了美国万圣节的一些活动。这是来自凯尔特人传统的“黑暗之夜”。根据传说，在这个夜晚会有来自另一个世界的先人的灵魂，同样也会有恶灵的到来。中间点着蜡烛的空心南瓜是万圣节的象征。

植物在准备过冬

秋天，叶子会枯萎掉落。在落叶很密集的地方会形成一层天然的保护层，防止水的渗入。落叶能够保护树木在冬季不受低温的侵袭，不丧失必要的水分。在冬天，叶子的光合作用几乎停止了。

通过颜色来认识不同的树

十一月，树叶会变成金黄色的树木有：榛树、七叶树、曲柳、桦树、白杨、榆树、桉树、枫树和银杏树。

树叶会变成红色的树木有：红枫树、北美沙果树、山茱萸树、卫矛树、红橡树和花楸树。

会变成褐色的则有：七叶树、山毛榉和橡树。

桤树、桑树和刺槐的树叶在还是绿色时就已经落下了。

有毒的紫杉

暮秋时节，紫杉那被深绿色的尖刺包裹着的种子外壳变得格外漂亮。甜甜的种子外壳是紫杉全身唯一无毒的地方。紫杉的尖刺、嫩芽、种子以及它的根部，都带有剧毒的紫杉碱。紫杉碱是全世界毒性最强烈的毒素之一！它可以让心跳和呼吸骤停。根据历史记载，梅什科一世就是中了紫杉碱毒而逝世的。

冬季生长在水下的植物

水蓼、水仙以及黄花狸藻这样的水生植物会生长出一种过冬的花蕾，花蕾会落在水池的底部。加拿大水草和绿萍生长在水下更深的地方。

紫杉

松树、落叶松、杜松的最后一批松果成熟了

杜松

十一月

冬天已经近了

十一月，动物们已经基本结束了过冬的准备工作。刺猬进入了冬眠期。大多数昆虫的幼虫和蛹藏在地下、落叶层或者树洞中，进入休眠状态，只有蛾在这个时候进入了产卵期。只要天气允许，很多动物仍然要储备食物。鼹鼠显得很有远见，它们在自己的洞穴里藏了数百只活蚯蚓，它们十分机智地将这些蚯蚓咬伤，使它们不能逃走。河狸把树枝插入水中然后把它藏到水底，搭建水坝。

雄性的冬尺蠖蛾和栎秋尺蛾在十一月初开始了产卵期

南飞的尾声，北方客的到来

十一月，鸟类的南飞进入了尾声，中欧迎来了来自寒冷地带的客人们。在这一个月里，鹤、鹅、画眉、云雀、欧椋鸟和乌鸫各自结束了南行的旅程。偶尔我们会看见秃鼻乌鸦、寒鸦和乌鸦更早地离开波兰，在它们本来栖息的地方则飞来了来自北方的其他鸟，如连雀、秃鹰和红腹灰雀。

连雀从北方飞到波兰来过冬

在十一月晴朗的日子里，梅花雀仍然会放声歌唱，到这个月月底它们才会飞往南欧或者西欧去过冬

年轻的山猫在这个时候体重达到约10千克，它们有着和自己母亲相同的花色

冬季的皮毛

在冬天来临之前，生活在森林中的动物会自然地将适应夏天的皮毛转换为适应冬天的皮毛。新皮毛会变得更长更浓密。一些动物如貂和野兔，会天然地生长出白色的皮毛，这样就能在雪天将自己隐藏起来，躲避捕食者的追捕。

野兔

十二月

十二月的天气记录

历史上，十二月的最高气温为19.5℃，这一记录出现在1989年12月19日的塔尔努夫；最低气温则是零下30.3℃，这一记录出现在1961年12月26日的新松奇。史上最快的风速达到了173千米每小时，这一记录出现在1989年12月19日的别尔斯科-比亚瓦。历史上最高的气压值为105 400帕，这一记录出现在1997年12月16日的苏瓦乌基和比亚为斯托克地区。全年日照时间最长的是弗瓦迪斯瓦沃和赫尔地区，大约为1 700小时，最少的则是博加蒂尼亚和扎科帕内地区，大约为1 400小时。在塔特拉山区的卡斯普罗维峰大约为1 418小时。

冰雪的月份

十二月的波兰语名字来源于“冰冻的雪堆”这一意思。以前人们把这一月称作“求日月”，顾名思义就是盼望太阳的再次出现，同时表达希望来年作物丰收的心愿。在十二月里，气温常常会低至零度以下，这个时候水库会结冰，而在没有结冰的底部还有生命活动。鱼类开始产卵，像芦苇、菖蒲和莎草这类水生植物，会将自己的根茎及生殖根埋藏在有泥沙的水底，以此来延续生命。

通过树木发的芽来识别它的种类，这是一项技术活

识别出没有叶子的树和灌木

在没有叶子的树和灌木上可以看到十分明显的芽，这些芽会在春天生长出枝叶并开出鲜花。

不同品种的树枝干上芽的形状、大小和颜色以及排列的方式都有它们自己的特点，我们能够通过这些去辨认它们是什么树。这是一项很难的技术活，需要有丰富的经验才能做到。

貂换上了冬季的皮毛

十二月的谚语

如果十二月的第一天出现了霜冻，许多井会干涸。

有怎样的十二月就会收获怎样的土豆。

霜冻的十二月和漫天的雪，预示着丰收的来年。

干燥的冬天常常带来干燥的春天，以及收获的快乐。

如果在十二月常常刮风，那三四月就会常常下雨。

水獭并不惧怕冰冷的水

翠鸟

五子雀

冬天的鸟类

一些鸟类常年住在一个地方，不会向南迁徙过冬，因为它们一年四季都有稳定的食物来源，比如可以在溪水边观察到的翠鸟。从北方飞来的鸟会觉得波兰十分温暖，其中包括：红腹灰雀、连雀、金翅鸟、雪鹀和秃鹰。在树丛中可以听到啄木鸟孜孜不倦的啄木声。在树林里我们有机会在这个季节遇到活跃的五子雀、金冠鹪鹩和旋木雀，这些鸟是我们带翅膀的朋友中最稀少的种类。

啄木鸟

金冠鹪鹩

生存策略

每个物种都有自己的一套过冬办法。两栖动物和爬行动物进入休眠状态，一些鸟飞向南方，哺乳动物换上应冬的皮毛或者进入冬眠。较小的啮齿动物，如田鼠、黄颈鼠和家鼠，它们最想在冬天搬进人们的住宅、马厩或者牛棚里，以便可以分享人类的生活资源。

冬季的哺乳动物

在霜冻降临前，许多哺乳动物，比如獾和狸，它们会在体内储存一层脂肪层，这将会是它们冬天的能量来源。生活在森林里的哺乳动物，例如狍、鹿和野猪，它们的毛会变成适合过冬的更浓密的毛。在地下室、煤箱、地下通道和山洞里，蝙蝠以蛰居的方式度过冬天，它们常常会在以后的季节再回到自己最喜欢的地方。熊躲到深深的岩石缝隙中冬眠，母熊会困难地穿过苔藓，以便给将要出世的小熊营造一个舒适的环境。

狸

对树木的酷刑

在这个时候，鹿、驼鹿、欧洲小鹿和摩弗伦羊会啃树皮当作食物，我们称之为对树的“酷刑”。树皮含有鞣剂、钙和磷，这是鹿角重新生长所必不可少的成分。所以动物们会去破坏树木，它们以这样的方式获得生存和发展的必备物质。

鹿在啃树皮

欧洲野牛的觅食

在十二月的月末，欧洲野牛开始聚集成群，这样的画面构成了比亚沃维耶扎大森林冬季特别的景象。在这个时候，它们很乐意去吃护林人给它们特别提供的一大堆干草。

寻找自然界的踪迹

脱落的鹿角

漫步在冬季的风景里，我们可以跟踪动物的踪迹。最好的方法是通过动物留下的排泄物来识别它们。许多动物用排泄物来标记自己的领地。从排泄物的样子也可以判断出动物的饮食。排泄物的大小也是十分重要的识别窍门。例如家兔的排泄物直径约为1厘米，野兔的为1.5~2厘米。鹿的排泄物长度为2~3厘米，狍的为1~1.5厘米，狐狸的为8~10厘米。野猪的为7~8厘米，獾和它差不多。运气好的话我们可以在雪下面找到鹿或者狍子脱落的角。

鹿的排泄物

鹿和狍的角

每年春天，鹿会褪去老的鹿角，然后很快会在同样的地方长出新的角。开始的时候，鹿角还没有发育成熟，它的表面有一层带茸毛的有神经组织的薄皮层，我们将这样的角称为“鹿茸”。在鹿角完全发育成熟之后，鹿角上的茸毛会脱落。鹿通过用鹿角与树摩擦来加快成熟的过程。鹿角会逐年增大，并且会出现更多的分支。雄性狍子与鹿不同，它们生有较小的角。秋天的时候，它们的角会脱落然后很快长出新的。开始时，新角同样会覆盖着一层茸毛，然后在春天褪去。鹿角的前段有腺体，鹿可以用腺体分泌的液体划分领地。

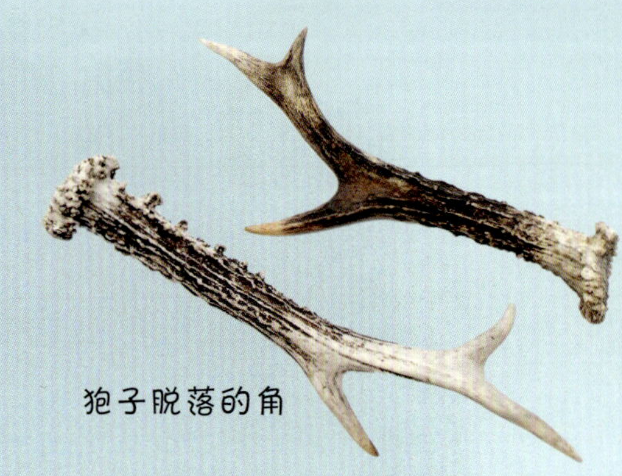

狍子脱落的角

地鼠必须吃铁

哺乳动物中最小的动物——地鼠，不会在冬天进入冬眠，而是十分积极地在雪下面寻找食物。它们的食物通常是那些还活着的无脊椎动物。地鼠的机体如果缺乏食物的营养将会很快变冷，威胁到它们的生命。为了生存，地鼠甚至会在冬天减少体内的器官，用这样的方式降低自身对能量的需求。

长出带着茸毛的新角的狍子

节日季

十二月是特别的节日季，在这个月里欧洲人迎来了圣诞节。用树来装饰房子的传统起源于古希腊，之后这一传统流传到整个欧洲，传入中欧的时间是19世纪。在用树装饰房子变成中欧家家户户的传统之前，农民们就已经用冷杉树树冠装饰自己的房间了。他们把砍下来的冷杉树树冠挂在天花板上，顶部朝下，然后将坚果、苹果以及用彩色的圣诞节圣饼做成的圆盘和小彩球挂在树冠上。

图书在版编目（CIP）数据

自然大百科 /（波）玛格丽特·法兰兹卡 - 亚伯恩斯卡著；赵祯等译 . -- 成都：四川科学技术出版社，2020.10

（自然观察探索百科系列丛书 / 米琳主编）

ISBN 978-7-5364-9967-6

Ⅰ . ①自… Ⅱ . ①玛… ②赵… Ⅲ . ①自然科学 - 儿童读物 Ⅳ . ① N49

中国版本图书馆 CIP 数据核字 (2020) 第 201397 号

自然观察探索百科系列丛书
自然大百科

ZIRAN GUANCHA TANSUO BAIKE XILIE CONGSHU
ZIRAN DA BAIKE

著　　者　[波]玛格丽特·法兰兹卡-亚伯恩斯卡
译　　者　赵　祯　袁卿子　许湘健
　　　　　张　蜜　白锌铜　吕淑涵

出 品 人　程佳月
责任编辑　胡小华
特约编辑　米　琳　郭　燕
装帧设计　刘　朋　程　志
责任出版　欧晓春
出版发行　四川科学技术出版社
　　　　　成都市槐树街2号 邮政编码：610031
　　　　　官方微博：http://weibo.com/sckjcbs
　　　　　官方微信公众号：sckjcbs
　　　　　传真：028-87734035
成品尺寸　230mm × 260mm
印　　张　7.25
字　　数　145千
印　　刷　北京东方宝隆印刷有限公司
版次 / 印次　2021年1月第1版 / 2021年1月第1次印刷
定　　价　78.00元

ISBN 978-7-5364-9967-6

本社发行部邮购组地址：四川省成都市槐树街2号
电话：028-87734035　邮政编码：610031